图说中国传统二十四节气

Illustrated Account of Jieqi: Twenty-Four Traditional Chinese Solar Terms

编 著 宋兆麟

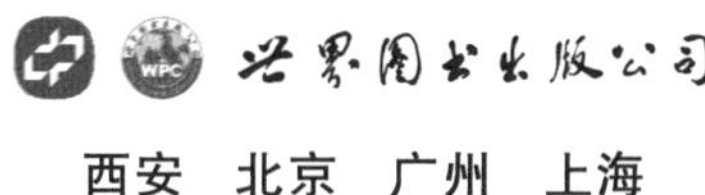

西安 北京 广州 上海

图书在版编目（CIP）数据

图说中国传统二十四节气 / 宋兆麟编著 . —西安：世界图书出版西安有限公司，2017.7（2019.7 重印）

ISBN 978-7-5192-2388-5

Ⅰ . ①图…　Ⅱ . ①宋…　Ⅲ . ①二十四节气 - 通俗读物　Ⅳ . ① P462-49

中国版本图书馆 CIP 数据核字（2017）第 042915 号

书　　名　**图说中国传统二十四节气**
Tushuo Zhongguo Chuantong Ershisi Jieqi
编　　著　宋兆麟
责任编辑　冀彩霞
出版发行　世界图书出版西安有限公司
地　　址　西安市北大街 85 号
邮政编码　710003
电　　话　029-87233647（市场营销部）
029-87235105（总编室）
传　　真　029-87279675
经　　销　全国各地新华书店
印　　刷　中闻集团西安印务有限公司
开　　本　787mm × 1092mm　1/16
印　　张　16.25
字　　数　200 千字
图　　片　600 幅
版次印次　2017 年 7 月第 2 版　2019 年 7 月第 6 次印刷
书　　号　ISBN 978-7-5192-2388-5
定　　价　68.00 元

前　言

当前，我国的非物质文化遗产保护工作正在有序地进行，其规模之大、涉及学科之多、牵动人心之广，都是空前的。我国是一个幅员辽阔、民族众多、历史悠久的农业古国，所保存的非物质文化遗产资源是极其丰富的，在世界上也是颇为罕见的。目前，我国已先后命名了四批国家级非物质文化遗产名录，在列项目已超过1500项，被列入联合国教科文组织人类非物质文化遗产代表作名录的项目已有31项。

什么是非物质文化遗产？怎样对其进行有效的保护？有关这些问题，《中国民族民间文化保护工作手册》已经做了回答，但是在具体评选国家级非物质文化名录入选项目时还是有争论的。如我国流传已久的二十四节气有没有重大的历史文化价值？该不该列入国家级非物质文化遗产名录？这种争论由来已久，甚至有人公开认为，二十四节气没有什么文化内涵，不应该列入国家级非物质文化遗产名录，当然，这种观点是站不住脚的。

我们所讲的非物质文化，实际上是清末以来保存下来的农耕社会的传统文化，诸如谋生方式、手工技艺、士农工商、民间美术、音乐舞蹈、戏曲艺术、人生礼仪、衣食住行、天文历法、医药卫生、民间信仰、节庆文化，等等，其中也包括二十四节气。它作为一种文化载体，承载着许多天文、气象、农事、谚语及不同节气期间的生产生活和娱乐活动。应该说，自古以来，中华民族就把二十四节气视为一种“农事历”，并将其作为进行农业生产、安排农村生活的重要依据。因此，二十四节气不仅是我国非物质文化的重要内容，也是颇有科学技术含量的亮点课题，必须把它列为重要的保护对象。

要保护它，就必须了解它。二十四节气也不例外。为了介绍二十四节气的来龙去脉，认知与二十四节气有关的气候、农事、养生、饮食等文化，我们编著了《图说中国传统二十四节气》一书，除前言、后记外，主要包括绪论、春季的节气、夏季的节气、秋季的节气、冬季的节气及结语。本书提供了大量的图像资料，加上又有一定的文字说明，不仅可帮助广大读者了解二十四节气的一些基础知识，而且也为二十四节气的保护提供了一些参考资料。

2016 年 11 月 30 日，中国“二十四节气”被正式列入联合国教科文组织人类非物质文化遗产代表作名录，这是我国非遗保护工作取得的一项重要成果，也是了解和学习“二十四节气”这一极具中国传统色彩并浸润着中华农耕文明的课题的良好契机，《图说中国传统二十四节气》一书必将迎着这阵东风，扶摇而上，成为解开二十四节气密码的金钥匙。

宋兆麟

2016 年 12 月

目　录

绪　论

春季的节气

夏季的节气

秋季的节气

冬季的节气

结　语

图片目录

主要参考书目

后　记

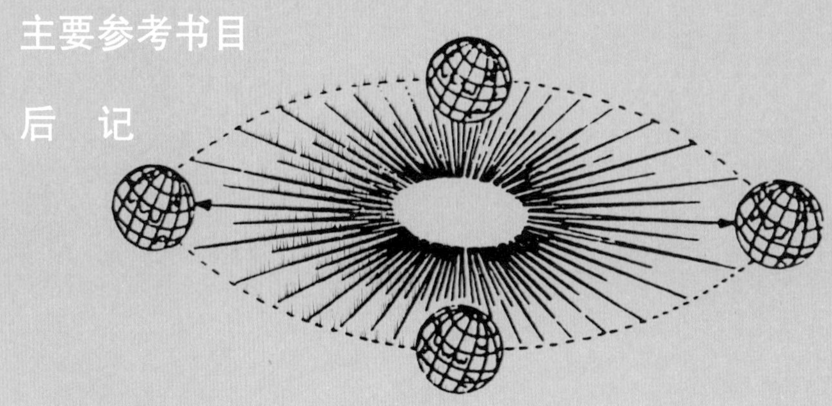

绪　论

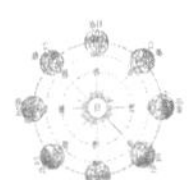

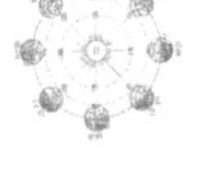

什么是二十四节气

二十四节气是我国古代将一年分为二十四个时间段的一种表述方法。

地球围绕太阳旋转，每转一圈为一个回归年，计 365 天。从天文学上说，太阳从黄经 0° 起，沿着黄经每运行 15° 的时日为一个节气，每年运行 360° ，共经历二十四个节气。也就是说每个月有两个节气，而这两个节气又分两种情况：

一是节气，即每月第一个节气，有立春、惊蛰、清明、立夏、芒种、小暑、立秋、白露、寒露、立冬、大雪和小寒。

一是中气，即每月第二个节气，有雨水、春分、谷雨、小满、夏至、大暑、处暑、秋分、霜降、小雪、冬至和大寒。

二十四节气歌

春雨惊春清谷天，夏满芒夏暑相连。
秋处露秋寒霜降，冬雪雪冬小大寒。

二十四节气七言诗

地球绕着太阳转，绕完一圈是一年。
一年分成十二月，二十四节紧相连。

按照公历来推算，每月两气不改变。
上半年是六、廿一，下半年逢八、廿三。
这些就是交节日，有差不过一两天。
二十四节有先后，下列口诀记心间。
一月大寒接小寒，二月立春雨水连；
惊蛰春分在三月，清明谷雨四月天；
五月立夏和小满，六月芒种夏至连；
七月大暑和小暑，立秋处暑八月间；
九月白露接秋分，寒露霜降十月全；
立冬小雪十一月，大雪冬至迎新年；
抓紧季节忙生产，种收及时保丰年。

节气和中气交替出现，每个都是15天。过去对节气和中气有严格规定，现在已经混杂了，统称为节气。据史书记载：“岁取星行一次，年取禾更一熟，时有春、夏、秋、冬四序，而每序各分孟、仲、季，以名十有二月，五日一候，三候一气，六气一时，四时一岁，故一岁二十四气、七十二候。”意思是说，地球围绕太阳转一周为一岁，小麦成熟一次为一年，一年有春、夏、秋、冬四季，而每一季节又分为孟月、仲月、季月，这样四季就有十二个月；五天为一候，三候15天为一气，六气90天为一季，四季为一年，所以，一年有二十四节气，七十二候。

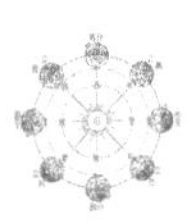

二十四节气表

节气	阴历月份	黄经度	阳历		节气	阴历月份	黄经度	阳历	
			月	日				月	日
立春	正月	315	2	4 或 5	立秋	七月	135	8	8 或 7
雨水		330		19 或 20	处暑		150		23 或 24
惊蛰	二月	345	3	6 或 5	白露	八月	165	9	8 或 7
春分		0		21 或 20	秋分		180		23 或 24
清明	三月	15	4	5 或 6	寒露	九月	195	10	8 或 9
谷雨		30		20 或 21	霜降		210		24 或 23
立夏	四月	45	5	6 或 5	立冬	十月	225	11	8 或 7
小满		60		21 或 20	大雪		240		23 或 22
芒种	五月	75	6	6 或 7	小雪	十一月	255	12	7 或 8
夏至		90		22 或 21	冬至		270		22 或 23
小暑	六月	105	7	7 或 8	小寒	十二月	285	1	6 或 5
大暑		120		23 或 24	大寒		300		20 或 21

二十四节气表 《二十四节气与农业生产》

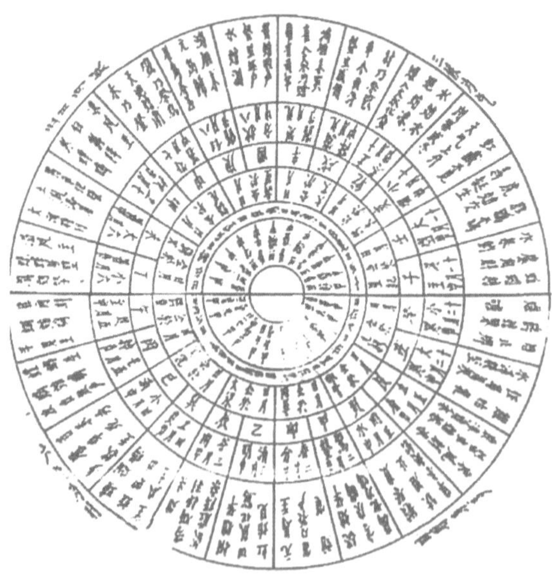

二十四节气与七十二候 《二十四节气与农业生产》

二十四节气与阳历比较表

节气	月份	日期	节气	月份	日期
立春	2	4 或 5	立秋	8	8 或 7
雨水		19 或 20	处暑		23 或 24
惊蛰	3	6 或 5	白露	9	8 或 9
春分		21 或 20	秋分		23 或 24
清明	4	5 或 6	寒露	10	8 或 9
谷雨		20 或 21	霜降		24 或 23
立夏	5	6 或 5	立冬	11	8 或 7
小满		21 或 22	大雪		23 或 22
芒种	6	6 或 7	小雪	12	7 或 8
夏至		22 或 21	冬至		22 或 23
小暑	7	7 或 8	小寒	1	6 或 5
大暑		23 或 24	大寒		20 或 21

二十四节气与阳历比较表 《二十四节气与农业生产》

如果进一步分类，二十四节气又有四种类型：

一种是反映寒来暑往变化的，如立春、春分、立夏、夏至、立秋、秋分、立冬、冬至等八个节气。

一种是反映温度升降的，有小暑、大暑、处暑、小寒和大寒等五个节气。

一种是反映降雨量的，有雨水、谷雨、白露、寒露、霜降、小雪、大雪等七个节气。

一种是根据物候而确定农事活动的，有惊蛰、清明、小满、芒种等四个节气。

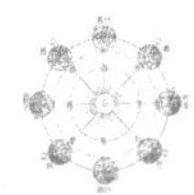

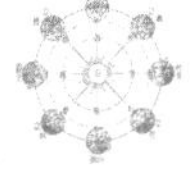

二十四节气的起源

二十四节气是有关气候、季节变化的产物，其起源必往前追溯。人类在长期的采集、渔猎实践中，要熟悉自然环境、季节变化、物候改变，以及动植物生长规律，这样才能谋取一定的生活资料。其中最主要的是太阳的东升西落，气候的寒暑变化，月亮的圆缺，物候的变化。史前人类中已积累了一定的天文历法知识，后来农牧民族又把它发展起来。恩格斯在《自然辩证法》中指出："事实上，首先是天文学，游牧民族和农业民族为了定季节，就已经绝对需要它。"

我国远在一万年前后就发明了农业，到了新石器时代中晚期又出现了南稻北粟的分野。农业生产季节性很强，必须有一定的天文历法知识，河南郑州大何村出土过一件绘有太阳纹的彩陶片，而且是十二条太阳纹，说明当时人们已知道一年有十二个月。当然，从民族学资料看，远古人类是先知道东西方向，即太阳升落的方向，后来才知道了南北方向。除了一年有十二个月外，人们还根据物候判断更细致的时间。明末清初的顾炎武就感叹说"三代以上人人皆知天文"，像《诗经》里边的句子，他举例说："七月流火，农夫之辞也；三星在户，妇人之语也；月离于毕，戍卒之作也；龙尾伏辰，儿童之谣也。"《隋书·西域传》说党项人"无文字，但候草木以记岁时”。二十四节气正是人们根据太阳的运行、物候的变迁发明的。

在商周时期，人们已经知道了一年内昼夜长短和正午太阳高度的变化。春秋时，已经利用土圭测量日影的长短变化，当时已经有了“二分”（春分、秋分）、“二至”（夏至、冬至）四个节气。如《左传》僖公五年载：“凡分至启闭，必书云物，为备故也。”这就是说，每到“两分”“两至”，必须把当时的天气和物候记录下来，作为准备农事活动的依据。另外，又用土圭测日影确定节气。土圭是一根直立的杆子，太阳照在杆子上，杆影投射于地上，依据杆影的长短、太阳的高低来确定时辰和节气。如夏至午时测定，太阳高，杆影短；冬至午时测定，太阳最低（偏南），杆影最长。过了冬至，太阳又渐升高，于是杆影又减短。年复一年，杆影之最短与最长就定为夏至、冬至。以此类推，一年中有两天白昼黑夜相等，这就是春分、秋分。从此，也开始流传“春分秋分，日夜相等”的农谚。

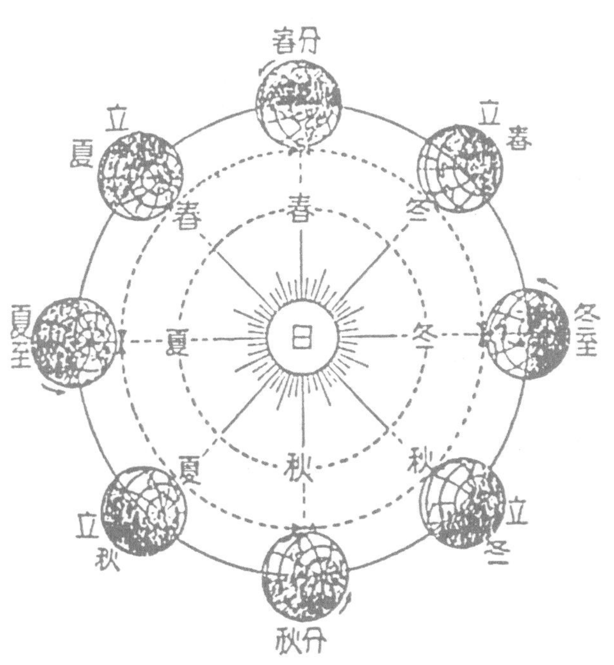

节气和四季 《二十四节气》

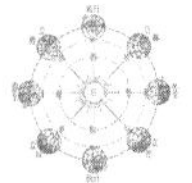

夏季日图 《经书图说》

到了战国时期，又增加了“四立”，包括立春、立夏、立秋和立冬，这样，四季加上原来的“二分”“二至”，共八个节气。以后又逐渐增加、发展，到西汉时的《淮南子·天文训》中已经形成了完整的二十四节气。大多节气以不耽误农事为主要目的，是标准的农业社会的历法，所以称之为“农历”。

《淮南子》相传为西汉淮南王刘安所著。他养了许多门客，其中也有懂天文历法的人，所以在该书“天文训”中对二十四节气有翔实的记录。其名称和排序与现行的二十四节气基本吻合。

从上述史实可以看出，原来是以土圭测定日影而确定夏至和冬至的，后来把一回归年的长度分为二十四份，从冬至开始，等间隔地依次相间安排各个节气和中气，这种方法叫平气。按平气的办法，每一个月有一个节气，有一个中气。但是，两个节气的时间大于一个望月的时间，可能在一个月有一个节气，或者在一个月内有一个平气，为此，西汉邓平等在制定《太阳历》时，正式把二十四节气列入其中，明确了二十四节气的天文位置；同时，《太阳历》规定，节气可以在上月的下半月或本月上半月出现，而中气一定要在本月出现。如果遇到没有中气的月份，可以认定为上月的闰月。这种置闰的方法，沿用了一千年之久。

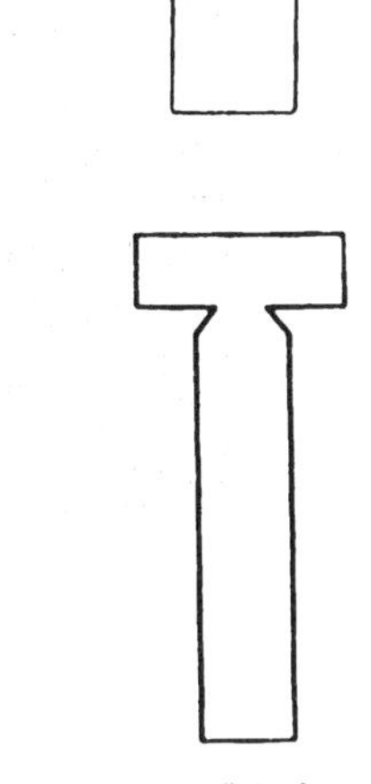

土圭和大圭 《考古记图说》

由于地球公转轨迹是椭圆形的，太阳视运动有不均匀现象，这一点

被北齐张子欣所发现。隋代仁寿四年（604 年），刘焯在《皇极历》中根据上述不均匀现象，对二十四节气进行了一定改革，他把周天等分为二十四份，太阳移动到每一分点时就是到某一节气的时刻。这种划分法称为定气，肯定了节气间隔不均匀的事实。定气主要在历法计算中使用，但在日用历谱上依然使用平气，直到清代才改为定气。

曾侯乙墓漆箱上的二十八宿图 《文物》

二十四节气的科学性

怎么评价二十四节气呢？我们认为它有相当的科学性。

首先二十四节气符合地球围绕太阳公转的原理。众所周知，我国有两种历法：一种是太阳历，又称阳历，它以地球绕太阳转一周为一年，一年为365天5时48分46秒；一种是月亮历，又称阴历，它以月亮绕地球转一周为一个月，十二个月为一年，朔望月29天12分44.3秒，一

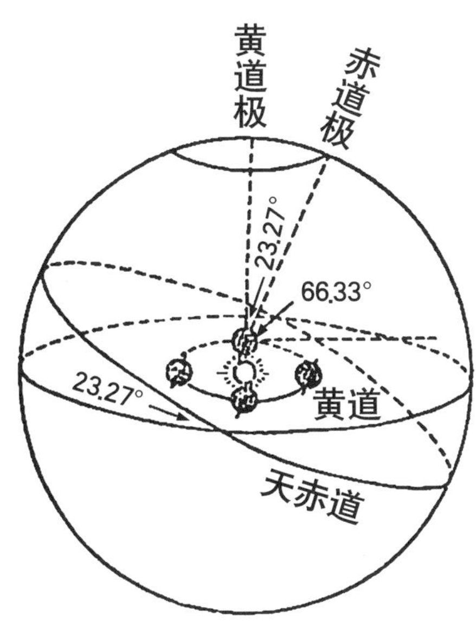

黄道与天赤道 《二十四节气》

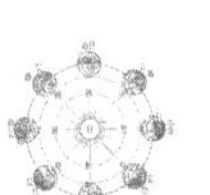

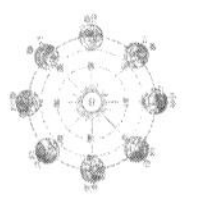

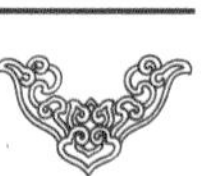

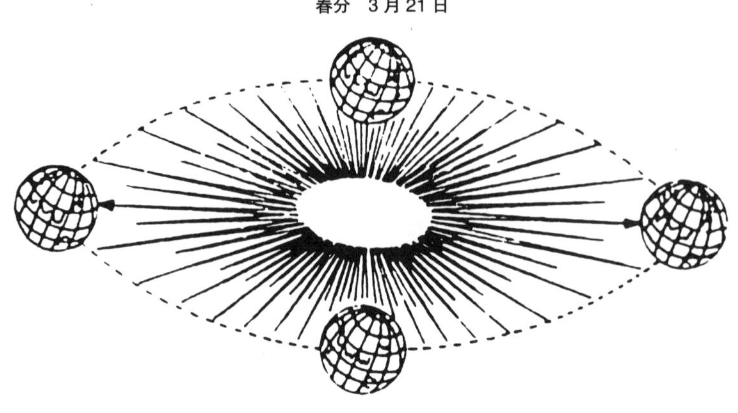

地球与太阳关系 《二十四节气》

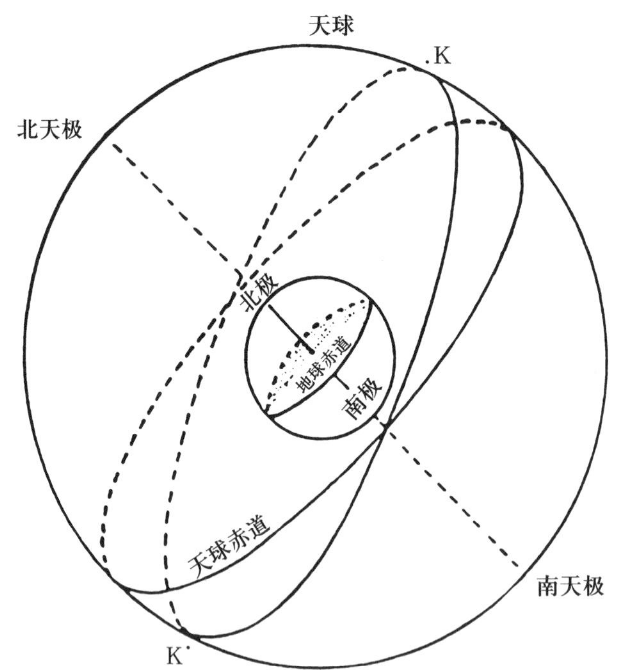

地球与太阳关系 《二十四节气》

年 354 天，阴历最大月 30 天，小月 29 天。由于一年 354 天，没有一定排序，即有的月有两个节气，有的月仅有一个节气。现代天文学证实，地球绕太阳运转一周约为 365 天 5 时 48 分 46 秒，运行 94000 万千米。这个公转轨道被人们称为黄经，分为 360° ，划分为 24 等分，每分 15° ，这 15° 正是一个节气的时间。两个节气间相隔 15 天左右，全年即二十四个节气。由于地球旋转的轨道面同赤道面不是一致的，而是保持一定的倾斜，一年四季太阳光直射到地球的位置也是不同的。以北半球来讲，太阳直射在北纬 23.5° 时，天文上就称为夏至；太阳直射在南纬 23.5° 时称为冬至；夏至和冬至即指已经到了夏、冬两季的中间了。一年中太阳两次直射在赤道上时，就分别为春分和秋分，这也就是到了春、秋两季的中间，这两天白昼和黑夜一样长。不过，节气的日期在阳历中是相对固定的，如立春总是在阳历的 2 月 3 日至 5 日。说明二十四节气的制定是比较科

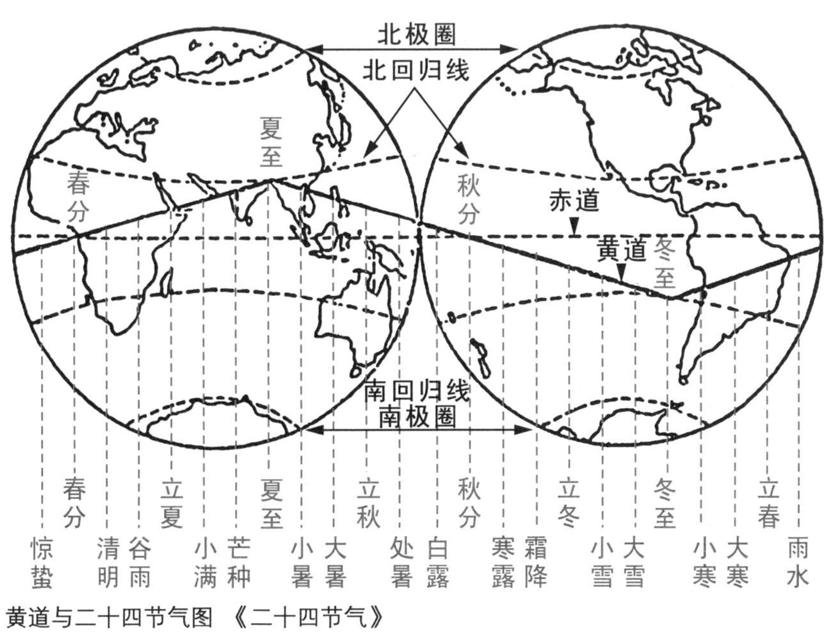

黄道与二十四节气图 《二十四节气》

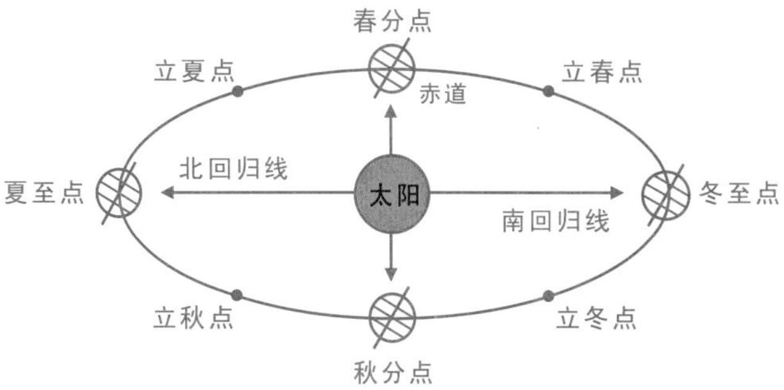

二十四节气成因图 《二十四节气与农业生产》

节气	黄经	节气	黄经
春分	0°	秋分	180°
清明	15°	寒露	195°
谷雨	30°	霜降	210°
立夏	45°	立冬	225°
小满	60°	小雪	240°
芒种	75°	大雪	255°
夏至	90°	冬至	270°
小暑	105°	小寒	285°
大暑	120°	大寒	300°
立秋	135°	立春	315°
处暑	150°	雨水	330°
白露	165°	惊蛰	345°

节气与黄经关系 《二十四节气》

学的。但在农历中，节气的日期不大好确定，再以立春为例，它最早可在上一年的农历12月15日，最晚可在下一年正月15日。

我们之所以说二十四节气比较科学，是因为我国古人比较注意观察天时对农业的影响。《吕氏春秋》载："凡农之道，候之为宝，夫稼，为之者人也，生之者地也，养之者天也。"西汉氾胜之的《氾胜之书》也提到这方面的内容："凡耕之本在趣时和土，得时之和，适地之宜，田虽薄恶收可亩十石。""顺天时，量地利，则用力少而收成多。"

这里所谓的天、天时，就是整个宇宙和地球表面的大气层，大气层一旦发生变化，自然界中就会出现风、霜、雪，冷暖、晴阴等气象。风调雨顺则五谷丰登，旱涝风冻则减产或无收成。从农业角度来看，天就是农业气象条件。由此可知，二十四节气正是人们对古代农业气象条件有了相当认知后才制订的，所以它具有科学性、实践性，久用不衰，沿用至今依然有一定生命力。

第二是掌握地力，即在大地上生长的动植物的生活规律。从中预知气候的变化。

在大自然界生长的各种植物、动物，都有一定的季节性活动规律，也就是与气候变化息息相关。相反，从动植物的变化，也能看到一年内不同时间的气候变化，所以，人们把上述动植物的变化称为物候。

我国是最早关注和应用物候的国家。从民族学资料看，原始人已经掌握不少物候知识，以便指导自己的生产活动。《诗经》曰："四月秀葽，五月鸣蜩……八月剥枣，十月获稻。"在西汉已经出现了物候专著《夏小正》，该书详细地记录了物候、气象、天象和农事活动。正是在此基础上，才逐步形成了二十四节气。每个节气都有一定的物候现象，俗称"候应"。以二十四节气为例，其重要物候如下：

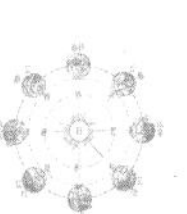

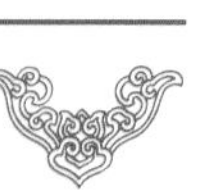

春耕

立春是东风解冻、蛰虫始振、鱼上冰。

雨水是桃始花、仓庚鸣、鹰化为鸠。

惊蛰是獭祭鱼、鸿雁来、草木萌动。

春分是玄鸟至、雷乃发声、始电。

清明是苹始生、鸣鸠拂其羽、戴胜降于桑。

谷雨是桐始生、田鼠始动、虹始现。

夏耘

立夏是蝼蝈鸣、蚯蚓出、王瓜生。

小满是苦菜秀、靡草死、小暑至。

芒种是螳螂生、鵙始鸣、反舌无声。

夏至是鹿角解、蜩始鸣、半夏生。

小暑是温风至、蟋蟀居辟、鹰乃学习。

大暑是腐草为蠲、土润溽暑、大雨时行。

秋收

立秋是凉风至、白露降、寒蝉鸣。

处暑是鹰乃祭鸟、天地始肃、禾乃登。

白露是鸿雁来、玄鸟归、群鸟养羞。

秋分是雷始收声、蛰虫培户、水始涸。

寒露是鸿雁来宾、雀入大水为蛤、菊有黄华。

霜降是豺乃祭兽、草木黄落、蛰虫咸俯。

冬藏

四季农作图 《民间年画》

立冬是水始冰、地始冻、雉入大水为蜃。

小雪是虹藏不见、天气上腾地气下降、闭塞而成冬。

大雪是鶡旦不鸣、虎始交、荔挺生。

冬至是蚯蚓结、麋角解、水泉动。

小寒是雁北飞、鹊始巢、雉始雊。

大寒是鸡始乳、鸷鸟厉疾、水泽腹坚。

此外，每个节气还有特定的花卉绽蕾开放，人们把此时吹来的风称为“花信风”，于是形成“二十四番花信风”之说。

以从小寒到谷雨八个节气为例，其花信风如下：

小寒：一候梅花、二候山茶、三候水仙；

大寒：一候瑞香、二候兰花、三候山矾；

立春：一候迎春、二候樱桃、三候望春；

雨水：一候菜花、二候杏花、三候李花；

惊蛰：一候桃花、二候棣棠、三候蔷薇；

春分：一候海棠、二候梨花、三候木兰；

清明：一候桐花、二候麦花、三候柳花；

谷雨　一候牡丹、二候荼蘼、三候楝花。

以花来判断节气，由来已久。清代《广群芳谱》是比较系统的花信专著，民间流传的有关谚语更多，如“布谷布谷，种禾割麦”，“桃花开，燕子来，准备谷种下田畈”，等等。上述花信风，不但反映了花卉与时令关系的自然现象，而且人们也可利用花卉现象安排农事活动。所以花信风也是一种物候，是二十四节气文化的重要来源。因此，人们习惯上都给每个月确定一种花名，比较流行的是：

正月节梅花，

二月节杏花，

三月节桃花，

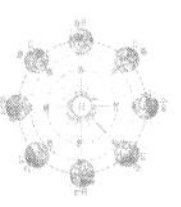

四月节蔷薇，

五月节石榴，

六月节荷花，

七月节凤仙，

八月节木樨，

九月节菊花，

十月节芙蓉，

十一月节腊梅.

十二月节水仙。

观灯 《雍正帝十二月令行乐》

踏青 《雍正帝十二月令行乐》

赏桃 《雍正帝十二月令行乐》

流觞 《雍正帝十二月令行乐》

赛舟 《雍正帝十二月令行乐》

纳凉 《雍正帝十二月令行乐》

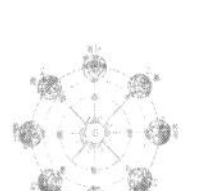

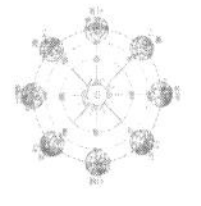

乞巧 《雍正帝十二月令行乐》

赏月 《雍正帝十二月令行乐》

赏菊 《雍正帝十二月令行乐》

画像 《雍正帝十二月令行乐》

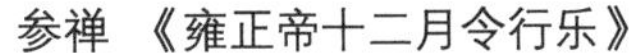
参禅 《雍正帝十二月令行乐》

赏雪 《雍正帝十二月令行乐》

第三是农业生产经验教训积累的产物。

在漫长的历史长河中，懂得天文历法的人是很少的。后来颁布的历书、历谱也是供有文化的人看的，一般农民并不识文断字，他们进行农业生产的知识，绝大部分是口传的，即父传子、子传孙，一代代传下来的，没有文字记录，全凭口传心记，也就是说民间有一部口述史，它像黄河长江一样，长流不息，流传至今。

具体说到二十四节气，除了二十四节气歌、二十四节气农事歌外，还有大量的几乎无法统计的二十四节气农谚。本书各节中辑录了各地比较流行的二十四节气农谚，从中可以看出，每个节气都有许多谚语，它们不仅告诫人们在一定节气应该种什么、收什么，而且告诫人们误了农时会遭到什么恶果。谚语所涉及的内容不只限于农事活动，还关系到手工业生产、衣食住行、民间信仰，等等。这些谚语短小精悍、简明顺口，便于流传和记忆，是农民家喻户晓的知识宝库，他们不仅说得出来，而且像金科玉律似的照办，成为广大农民从事农业生产和生活的重要指南。

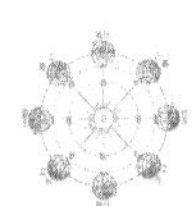

二十四节气谚语看起来简单，甚至有不少地区的局限性，但它是某一地区古代农民长期进行农业生产的经验的积累，是进行有效生产的结晶。这些知识正是二十四节气文化的来源之一，又是二十四节气实践的见证，其中有不少科学道理是可以信赖的。而且这些知识是不断改进的，如各地流行的二十四节气农事歌就有许多版本，从这些版本的时间上看，越近越科学，试看近代比较流行的二十四节气农事歌：

立春：
立春春打六九头，春播备耕早动手，
一年之计在于春，农业生产创高优。

雨水：
雨水春雨贵如油，顶凌耙耘防墒流，
多积肥料多打粮，精选良种夺丰收。

惊蛰：
惊蛰天暖地气开，冬眠蛰虫苏醒来，
冬麦镇压来保墒，耕地耙耘种春麦。

春分：
春分风多雨水少，土地解冻起春潮，
稻田平整早翻晒，冬麦返青把水浇。

清明：
清明春始草青青，种瓜点豆好时辰，
植树造林种甜菜，水稻育秧选好种。

谷雨：

谷雨雪断霜未断，杂粮播种莫迟延，
家燕归来淌头水，苗圃枝接在果园。

立夏：

立夏麦苗节节高，平地整地栽稻苗，
中耕除草把墒保，温棚防风要管好。

小满：

小满温和春意浓，防治蚜虫麦秆蝇，
稻田追肥促分蘖，抓绒剪毛防冷风。

芒种：

芒种雨少气温高，玉米间苗和定苗，
糜谷荞麦抢墒种，稻田中耕勤除草。

夏至：

夏至夏始冰雹猛，拔杂去劣选好种，
消雹增雨干热风，玉米追肥防黏虫。

小暑：

小暑进入三伏天，龙口夺食抢时间，
玉米中耕又培土．防雨防火莫等闲。

大暑：

大暑大热暴雨增，复种秋菜紧防洪，
常测预报稻瘟病，深水护秧防低温。

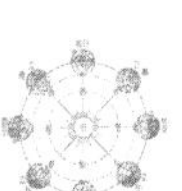

立秋：

立秋秋始雨淋淋，及早防治玉米螟，
翻深耕土变成金，苗圃芽接摘树心。

处暑：

处暑伏尽秋色美，玉米甜菜要灌水，
粮菜后期勤管理，冬麦整地备种肥。

白露：

白露夜寒白天热，播种冬麦好时节，
稻晒田收葵花籽，早熟苹果忙采摘。

秋分：

秋分秋雨天渐凉，稻黄果香秋收忙。
碾脱稻粒交公粮，山区防霜听气象。

寒露：

寒露草枯雁南飞，洋芋甜菜忙收回，
种好萝卜和白菜，秸秆还田秋施肥。

霜降：

霜降结冰又结霜，抓紧秋翻蓄好墒，
冻日浇灌冬季水，脱粒晒谷修粮仓。

立冬：

立冬地冻白天消，羊只牲畜圈修牢，

修田整地修渠道，农田建设掀高潮。

小雪：

小雪地封初雪飘，幼树葡萄快埋好，

利用冬闲积肥料，庄稼没肥瞎胡闹。

大雪：

大雪腊雪兆丰年，多种经营创高产.

及时耙耘保好墒，多积肥料找肥源。

冬至：

冬至严寒数九天，羊只牲畜要防寒，

积极参加夜技校，增产丰收靠科研。

小寒：

小寒进入三九天，丰收致富庆元旦，

冬季参加培训班，不断总结新经验。

大寒：

大寒虽冷农户欢，富民政策夸不完，

联产承包继续干，欢欢喜喜过个年。

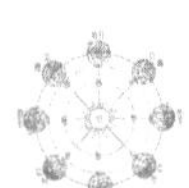

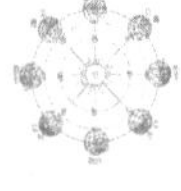

节气的区域性

应该指出，二十四节气并不是现代意义上的科学产物，它还存在着一些问题，如过于强调经验、地域性较强，甚至个别地方还存在一些迷信色彩。就以地域性来说，也是事出有因的。

我国幅员辽阔，从黑龙江省漠河到海南省南沙群岛，共跨有纬度49° 32′，约5500千米，南北差异极大，如黑河一年无夏，福州以南一年无冬。就是在冬季里，海南省的温度为22℃，黑龙江则在零下30℃，两地相差52℃，如果将二十四节气在上述范围内放之四海而皆准，这是根本不可能的，事实上二十四节气起源于中原地区。

二十四节气最初产生于黄河中、下游地区，主要反映了黄河流域农业生产与气候的关系。对于我国其他地区来说，二十四节气所反映的现象有些是适用的，基本符合各地的农业气候情况，但有些节气就不一定在各个地区都适用。因此，人们在应用节气安排农事活动时，要因地制宜，根据当地的具体情况来执行。以棉花的播种为例，华北是“清明早，小满迟，谷雨种棉正当时”；华中是“清明前，好种棉”；华东则是“棉

花种在立夏前”。再说播种冬小麦，在江、淮流域是“秋分早，霜降迟，秋分小麦正当时”；在黄河流域是“白露早，寒露迟，秋分小麦正当时”；而在华北一带，则是“处暑早，秋分迟，白露小麦正当时”。

差异之所以如此悬殊，主要是我国幅员辽阔，各地冷暖也就有先有后、有长有短。以陕西省来讲，关中、陕南“清明断雪，谷雨断霜”；陕北和秦岭山区的中高山地区“清明断雪不断霜，谷雨断霜不断雨”。就是在同一地区，不同年份的气候虽然大致相同，但也不能一概而论。

其实，上述的地区性已为古代文人所发现，如宋代诗人陆游已注意到南方的春天和北方的春天很是不同，他说：“蜀中常燠少雪霜，绿树青林不摇落。”北方的树叶到了秋天就会摇落，但是南方一冬都不会出现这种现象。宋代的范成大已注意到农民在阴雨连绵的芒种时节怎么样辛辛苦苦地耕作，他歌咏道：“梅霖倾泻九河翻，百渎交流海面宽；良苦吴农田下湿，年年披絮播秧寒。”

我国中原以种麦为主。小麦的播种湿度为16℃～18℃，这一温度在华北的秋分时才出现，因此华北当地谚语说：“秋分种麦正当时。”华中地区在十月中旬才达到上述温度，即霜降时，所以有“霜降点麦，不消商得（不用商量）”之谚。广东广西到11月上旬才种冬小麦，至于华北地区，在白露就开始播种小麦了。两广和东北纬度相差20°，但种麦节气从白露到小雪，相差5个节气，共70多天，由此可以看出二十四节气的地域性了。

早稻在10℃左右播种，且在长江流域各地的播种时间也不一样，如浙江地区在三月二十二至二十六日才能达到上述温度，而湖北则在三月

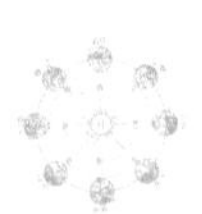

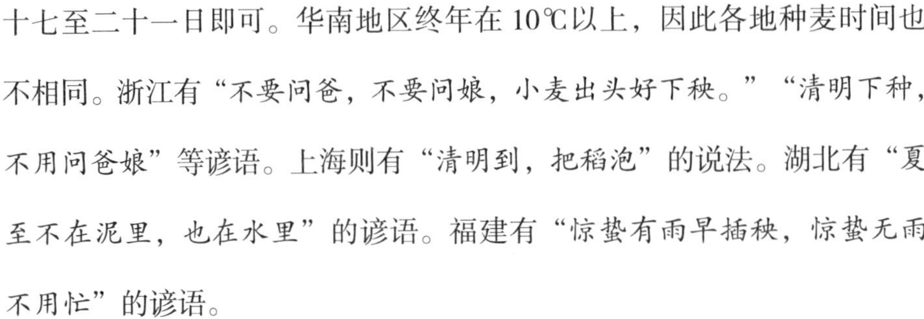

十七至二十一日即可。华南地区终年在 10℃以上，因此各地种麦时间也不相同。浙江有“不要问爸，不要问娘，小麦出头好下秧。”“清明下种，不用问爸娘”等谚语。上海则有“清明到，把稻泡”的说法。湖北有“夏至不在泥里，也在水里”的谚语。福建有“惊蛰有雨早插秧，惊蛰无雨不用忙”的谚语。

棉花何时播种各地也不尽相同，根据农学家研究，种棉花要在 12℃以上，这个温度在北京四月中旬才能出现，所以华北有“清明玉米谷雨花，谷子播种到立夏”“清明早，小满迟，谷雨种棉正当时”的谚语。华中地区到三月下旬和四月初才达到 12℃以上，所以种棉的时间与华北也不同，当地谚语云：“清明前，好种棉。”江浙地区则是“要穿棉，棉花种在立夏前”。四川也有“清明前，好种棉”的谚语流传。

通过以上三种农作物的播种期与节气关系可以看出，我国节气起源于黄河流域，但是当它传播到全国各地后，同样一个节气，由于各地的气温并不一样，播种的时间也不尽相同。

春季的节气

立 春

立春为一年中的第一个节气。“立”有“见”之意，也就是见到春天了。从这天起，冬去春来，标志春天之始，故曰该日为正月节。立春的特点是：“一候东风解冻，二候蛰虫始振，三候鱼陟负冰。”立春从阴历计算，在大寒后第十五天，斗（北斗星柄）指东北为立春。当是太阳到达黄经315° 开始。《月令·七十二候集解》载：“正月节，立，建始也……立夏秋冬同。”从此开始白昼渐长，日照增加，地面开始升温，农谚“立春一日，百草回芽”“交春一日，水暖三分”等，都是这个意思。

唐代诗人曹松的《立春》诗云：

木梢寒未觉，地脉暖先知。
鸟落星沉后，山分雪落时。

此诗对“立春”这一节气做了形象生动的说明。

立春在古代是一个重大节日，历代皇帝都要率百官到先农坛举行隆

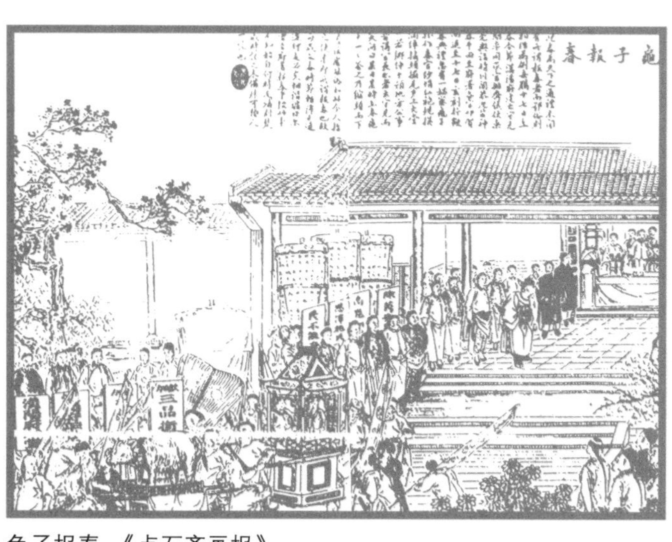

龟子报春 《点石斋画报》

重的迎春典礼，《吕氏春秋·孟春》载："先立春三日，太史谒之天子，曰：'某日立春，盛德在木。'天子乃斋。立春之日，天子亲率三公、九卿、诸侯、大夫，以迎春于东郊；还，乃赏公卿、诸侯、大夫于朝。"除此之外，还要举行皇帝亲耕仪式，以示皇帝对春耕的重视，这同时也是皇帝发出的进行春耕的动员令，这一活动直到清代还在举行。各地官员则举行迎春仪式，鞭春牛，以示春耕开始。从中央到地方，无一例外。高拱乾《台湾府志》载："立春前一日，有司迎春东郊，备仪仗、绿棚，优伶前导，看春仕女蜂出云集，填塞市中，多是春花、春饼之属，以供娱乐。"清人富察敦崇《燕京岁时记》详细描述了清代"迎春鞭春"的场景："立春先一日，顺天府官员至东直门外一里春场迎春。立春日礼部呈进春山宝座，顺天府呈进春牛图①，礼毕回署，因春牛而击之，曰打春。"

①《春牛图》的目的是为了表示农事的早晚。其中的策牛人站在牛前，提醒人们年前已经立春，不要耽误农事；站在旁边，表示立春与新春相近；站在牛后，表示年后立春。清人顾禄的《清嘉录》卷一《正月》对清代苏州地方的打春习俗描写得更为详细："立春日，太守集府堂，鞭牛碎之，谓之'打春'。农民竞以麻麦米豆抛打春牛，里胥以春球相馈贻，预兆丰稔。百姓买芒神、春牛亭子，置堂中，云宜田事。"

清代顾禄的《清嘉录·正月》对清代苏州地方的打春习俗描述如下：“立春日，太守集府堂，鞭牛碎之，谓之‘打春’。农民竞以麻麦米豆抛打春牛，里胥以春球相馈贻，预兆丰稔。百姓买芒神、春牛亭子，置堂中，云宜田事。”

芒神 《山海经》

关于鞭打春牛，蔡云在《吴歈》中写道：“春怡轮当六九头。新花巧样赠春球。芒神脚色牢牢记，共诣黄堂看打牛。”

“打春”或者“打牛”都是古代劝农官的重要事项，主要目的是提醒农民不要耽误农事；皇帝也要选吉日良辰躬亲耕种。由此可见立春的重要性。

民间则以立春为契机，积极备耕。有不少谚语反映了春耕的情景。

春打六九头，
耕牛遍地走。
春种一粒粟，
秋收万颗粮。

前面已经提到过，二十四节气首先是在黄河流域应用的，所以每一个节气的农事安排在全国各地都有所不同。

天下太平　西安年画

彩灯 《杨柳青年画》

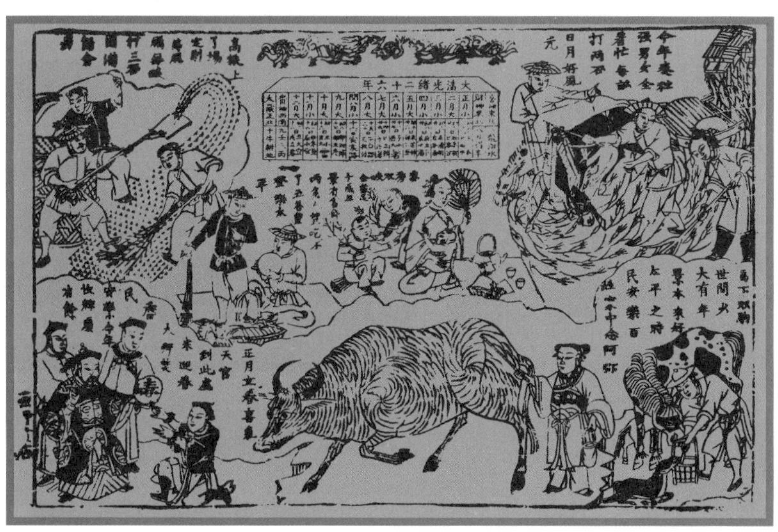

送春牛 《名画荟珍》

立春后，西北地区的农事活动主要是春小麦整地施肥，冬小麦防止禽畜为害；而东北地区表土先后开始化冻，农民须及时耙地保墒，送粪积肥，继续进行农田水利水土的保持工作，同时给牲畜防疫也是一个很重要的活动；华北地区积极做好春耕的准备工作，农民出动耙麦松土保墒，提高地温，以利于小麦的生长，同时积肥运肥、修整农具、治理农田、兴修水利，等等。由于我国地域辽阔，南北气候有较大差异，立春时节各地农事也不相同，北方还处于“千里冰封，万里雪飘”的严冬状态，南方却已经桃花盛开，春耕大忙，所以各地农作物种植也明显有别。

卖汤圆　张毓峰摹绘

送春牛　台江年画

太岁春牛迎春　《清俗纪闻》

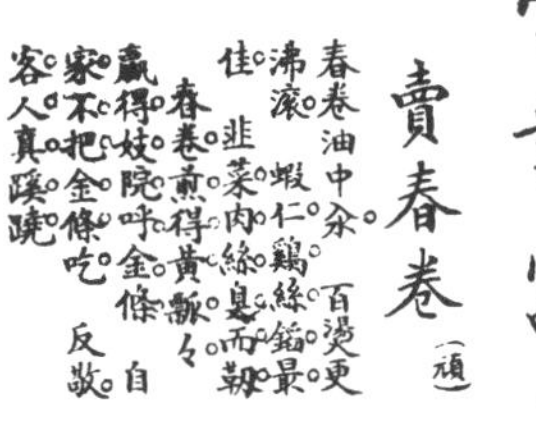
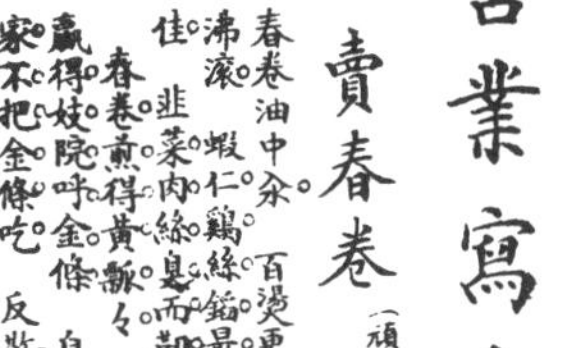

卖水萝卜　张毓峰摹绘

卖春卷　《三百六十行》

立春时有特定的饮食习惯，如北方喜欢吃春饼、咬生萝卜；福建喜欢在立春这天吃面条，以便祈求一年生活“年年长长”；河南则把面条和饺子放在一起煮着吃，取名“金丝穿元宝”；浙江喜欢吃春卷，其中必有芹菜、韭菜、竹笋等物；四川民间要用泡菜烧鱼；等等。

由于立春与春节密不可分，所以立春活动中也有不少春节的内容，如拜年、娱乐等。同时还有不少节庆活动，如正月初二回娘家；初三老鼠嫁女；初四接神；初五为财神诞辰，当天必迎财神，各种店铺开市大吉；正月初七为人日，古代称人胜节。

鹊鸣春　《剪纸》

老鼠嫁女　《剪纸》

大过新年 《杨柳青年画》

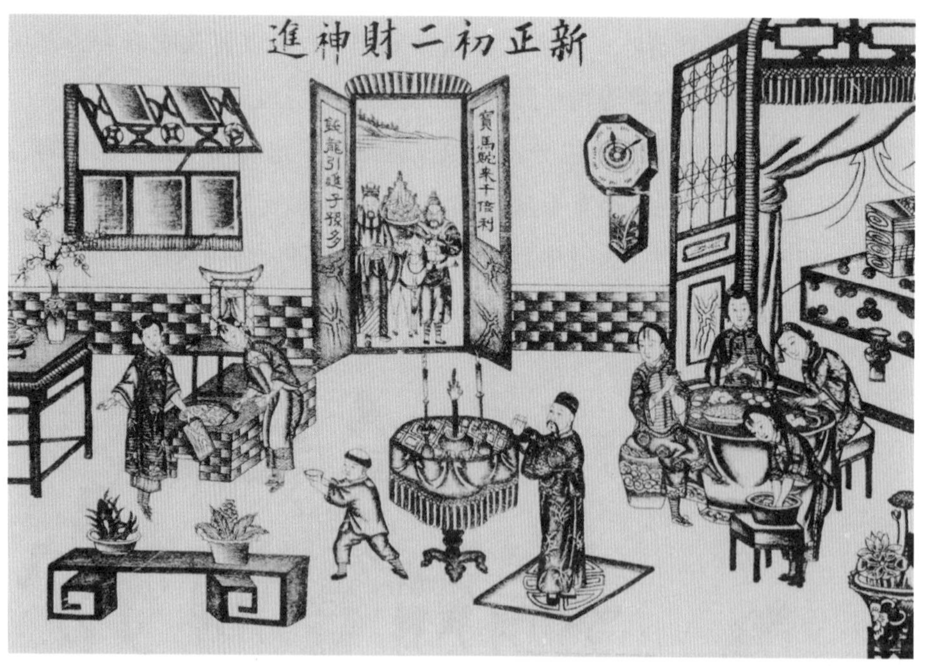

初二迎财神 《杨柳青年画》

迎紫姑神 《吴友如画宝》

白粥迎神 《点石斋画报》

古人对正月初七的人日非常重视，宗懔《荆楚岁时记》记载：“正月七日为人日。以七种菜为羹；剪彩为人，或镂金箔为人，以贴屏风，亦戴之头鬓；又造华胜以相遗；登高赋诗。”由此看来，人日这天，人们不仅要喝七菜羹，而且要把金箔剪成人形，贴在屏风上或戴在头鬓上，而且还有登高赋诗的雅兴。古人认为“上人胜于人”，所以剪彩或金箔做的人像都戴在人的最上部——头上，登高的目的也是要在众人之上的意思。

初八为拜星君；初九为玉皇生日；初十为石头生日；初十四

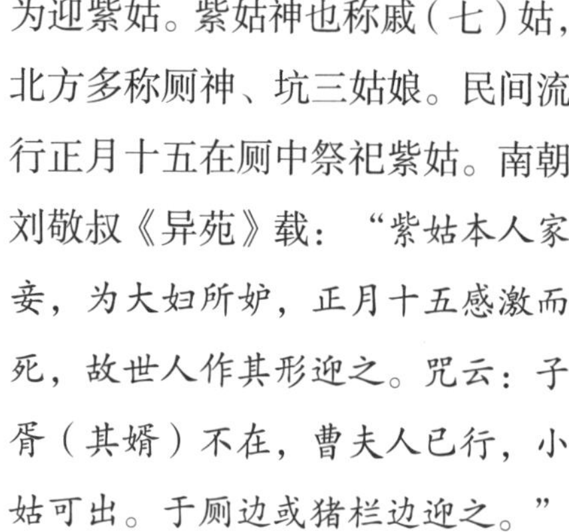

为迎紫姑。紫姑神也称戚（七）姑，北方多称厕神、坑三姑娘。民间流行正月十五在厕中祭祀紫姑。南朝刘敬叔《异苑》载：“紫姑本人家妾，为大妇所妒，正月十五感激而死，故世人作其形迎之。咒云：子胥（其婿）不在，曹夫人已行，小姑可出。于厕边或猪栏边迎之。”

做彩灯 《羊城风物》

正月十五是上元日，和“七月十五”“十月十五”合称三元节。上元日也叫元宵节。由于这一天夜里要张灯，所以又称“灯节”。

中国不少节日都有观灯活动，但以正月十五元宵节为最。一般从十三日“上灯”开始，十四日为“试灯”，十五日为“正灯”，十八日为“落灯”。中国制灯具有悠久的历史，但是在青铜出现以后，才有了各种美丽的灯具。先是华丽的宫灯，如信阳宫灯、鸭灯、水禽灯等，后来才出现了节日的花灯。隋代灯节极盛，唐魏徵《隋书·音乐志》载：“每岁正月，万国来朝，留至十五日，于端门外，建国门内，绵亘八里，列为戏场。百官起棚夹路，从昏达旦，以纵观之，至晦而罢。”唐朝灯会中出现了杂耍技艺，宋代开始有灯谜，明朝又增加了戏曲表演。灯市所用的彩灯也演绎出“橘灯”“绢灯”“五彩羊皮灯”“无骨麦秸灯”“走

卖花灯 《太平欢乐图》

马灯”“孔明灯”等。到了南宋时还增加了猜灯谜的活动，“猜灯谜”又叫“打灯谜”，是元宵节后增的一项活动。因为谜语能启迪智慧又饶有情趣，所以在流传过程中深受社会各阶层的欢迎。

有关描写花灯的诗词也很多。例如唐代苏味道在其《正月十五日夜》一诗中写道：

火树银花合，星桥铁锁开。
暗尘随马去，明月逐人来。
游妓皆秾李，行歌尽落梅。
金吾不禁夜，玉漏莫相催。

该诗形象地描绘了唐代元宵之夜灯月交辉、游人如织、热闹非凡的场景。李商隐则用“月色灯光满帝城，香车宝辇溢通衢”的诗句，描绘了当时观灯规模之宏大。值得称道的还应首推唐代诗人崔液的《上元夜》：“玉漏铜壶且莫催，铁关金锁彻明开；谁家见月能闲坐，何处闻灯不看来。”这里虽然没有正面描写元宵节的盛况，却蕴含着欢乐愉悦之情和热烈诱人之景。

后来在各地还出现了一些花会，如北京正月十五的花会组织甚多，各有绝招。北方又称花会为香会，它集中了民间

北斗七星 《旧皇历》

送穷 《每日古事图》

填仓 《点石斋画报》

文艺表演的各种形式，如秧歌会、高跷会、中幡会、狮子会，等等。广州的花市也很盛行，除了赏花观花外，还有舞狮会、高跷会、腰鼓会、小车会、竹马会、玩傀儡戏，等等。它们都是元宵节民间群众的文艺组织。

吃元宵是元宵节最重要的饮食习俗。吃元宵的目的最初是为了改善生活，后来则取“团团如月”的吉祥意思。

以上这些活动都是在立春前后进行的，而且基本都是春节的重要活动内容。

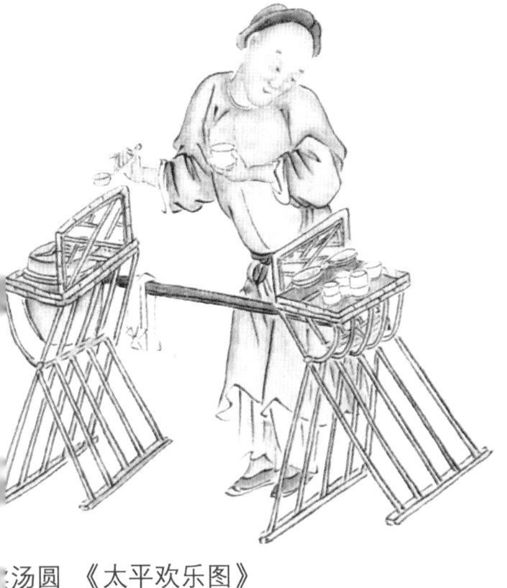

汤圆 《太平欢乐图》

宵行乐图 《杨柳青年画》

观灯行乐 《元宵行乐图》

庆祝新年 《杨柳青年画》

高跷会 《杨柳青年画》

雨　水

雨水是立春后的第一个节气，也是新年伊始的第二个节气，在阴历正月十五前后，斗指壬为雨水，阳历二月十九日前后，太阳到达黄经330° 开始。雨水有两种含义：一是由冬季降雪改为春季降雨，故名雨水节；二是降雨多了。《月令·七十二候集解》载："正月中，天一生水，春始居木，然生木者必水也，故立春后继之雨水。"

雁北飞 《唐诗图谱》

雨神 《山海经》

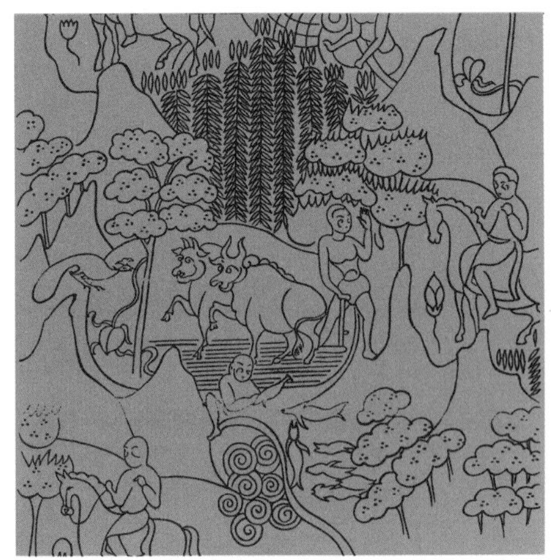
北周捕鱼和耕作 《敦煌壁画线图集》

中华民族的先民根据多年经验的积累，总结出雨水的候象是獭祭鱼[1]、候雁北、草木萌动。说明一到雨水，乍暖还寒，但是开始有雨了，在雨水的滋润下，草木萌动，候鸟大雁也向北迁徙。

黄河中下游主要忙于给麦田除草，追肥灌溉，给果树剪枝。在黄河更北的地方还相当冷，有“春寒冻死牛”之谚。由于下雪少雨，有时天气还很冷，对牲畜的管理不能怠慢。“老牛老马过一冬，单怕二月摆头风。”说的就是这个意思。牲畜一旦出现疾症，必须立即延请兽医，根据《牛马经》等药方进行调理。长江流域的气候要暖和得多，此时，万物生长，农事活动也较多。除管理水稻外，还要注意果树等经济作物的生长管理。当地谚语云：“雨水节，皆柑橘。”“雨水甘蔗，节节长。”

西南地区，各地农民做好了春耕生产的准备工作。他们开始中耕培土，给麦田追施拔节肥，给油菜地开始追施肥苔，有些地方开始播种马铃薯。“雨水有雨庄稼好，大春小春一片宝。”“春雨贵如油”指的就是这一个节气。由此可以看出，雨水时节如果降雨，预示着农业就会获得丰收。但是，雨水也不能过多，否则就会出现“春水烂麦根”的现象。因此，既要做好清沟，又要蓄水保墒。

雨水节期间，正好是农历的元宵节，汉族以及有些少数民族都陶醉在元宵节的活动中，吃元宵、逛灯会、猜灯谜、耍龙灯，这些丰富多彩的活动无形中让人们把雨水节的故事淡忘了。雨水期间，虽然是春节之尾，但是节庆活动也不少，正月二十五为填仓节。宋人孟元老在《东

---

①形容水獭捕鱼后陈列水岸，好像先祭祀而后食用一样。

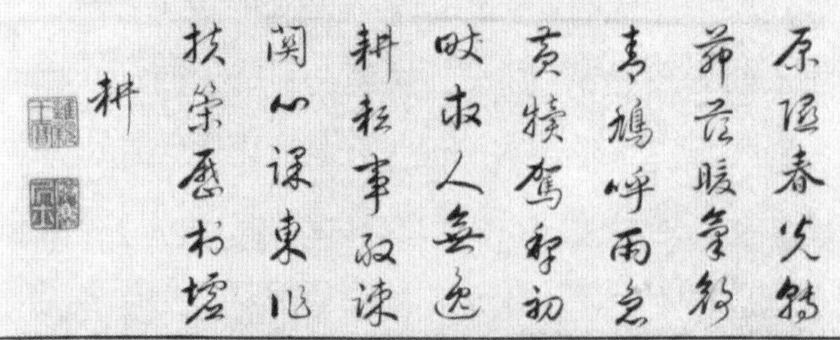

耕地 《光绪耕织图》

曲江会宴 《每日古年画》

京梦华录》中说："正月二十五日，人家市牛羊豕肉，恣飧竟日，客至苦留，必尽而去，名曰填仓节①。"人们在这一天大吃大喝，以表示对仓神护佑的感激之情。二十六日为梅花节，南方多流行花会，人们成群结队逛花市、赏花卉。

帝妃春游 《帝妃春游》

①相传古时北方连续大旱三年，颗粒无收，滴雨未降，饿死、渴死者无数，皇家却照收皇粮。看守皇家粮仓的仓官心生恻隐，自作主张，打开皇仓，救活了一方百姓。仓官深知自己私自开粮仓犯了死罪，于是，在正月二十五日这天，把自己关在仓中活活烧死。后人为了纪念这个无名仓官，就把这天定为填仓日。

玉兰花 《羊城风物》

梅花 《熏画艺术》

在民族地区也有若干节庆活动：正月二十日拉祜族过九黄会；正月二十一日苗族过芦笙节。节日这天，数以万计的群众自发相聚吹芦笙、跳铜鼓、斗牛、斗鸟、对歌、赛马，盛况空前；正月二十二日仡佬族过春柳节；正月二十三日苗族过迎春节；等等。

卖风筝 《太平欢乐图》

卖盆梅 《太平欢乐图》

惊　蛰

惊蛰是立春后的第二个节气，也是一年中的第三个节气，阴历二月五日前后，斗指丁为惊蛰，相当于阳历三月五至七日前后，太阳到黄经345° 开始。蛰，是指动物冬眠时潜伏在土中或洞穴中不食不动的状态。《月令・七十二候集解》载：“二月节……万物出乎震，震为雷，故曰惊蛰，是蛰虫惊而出走矣。”晋代诗人陶渊明有诗曰：“仲春遘时雨，始雷发东隅，众蛰各潜骇，草木纵横舒。”惊蛰的特点是：始有雷声。雷声阵阵，惊醒了蛰伏于穴中的虫子和万物。古代人们对自然界缺乏了解，认为雷由雷神、雷公、雷祖主宰，所以惊蛰时必祭雷神，伴随而来的信仰

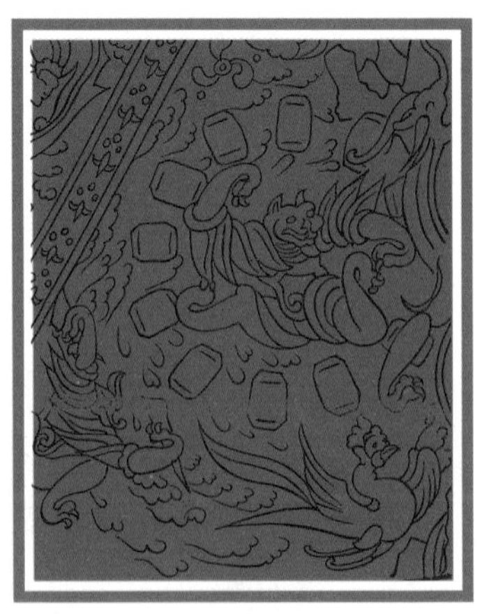

西魏雷神 《敦煌壁画线图集》

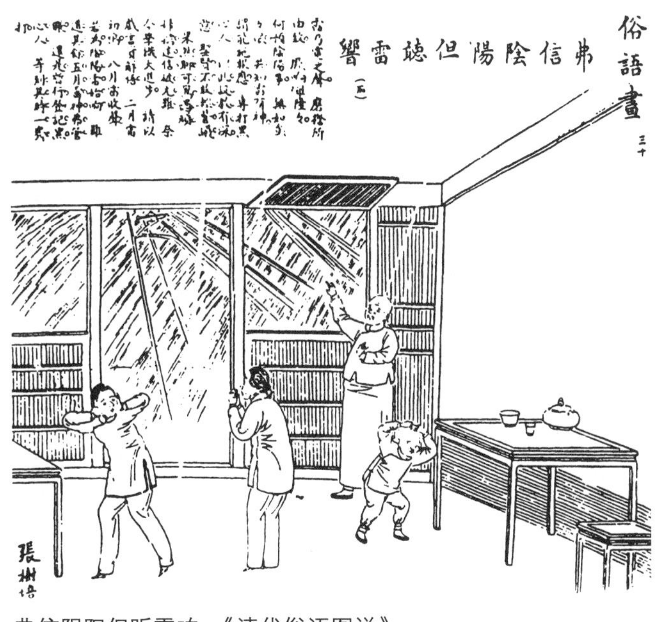

弗信阴阳但听雷响 《清代俗语图说》

是风神、电母。而每年从惊蛰开始就有了雷声。“不过惊蛰节，青蛙不开口。”“惊蛰闻雷”而诸虫出洞是也；实际上，昆虫是听不到雷声的，惊蛰时分，大地回春，天气变暖使得它们结束冬眠，“惊而出走”。此时，冬季九九完毕，人们开始了春耕大忙。

唐代诗人韦应物有首《观田家》诗：

微雨众卉新，一雷惊蛰始。
田家几日闲，耕种从此起。

说的就是这个意思。

惊蛰后，虽然天气变暖，但是也要 提防倒春寒：“惊蛰刮起风，倒冷四十九。”“惊蛰吹吹风，冷到五月中。”如果农作物保护不好，人们就会遭受损失。

电母 《中国迷信研究》

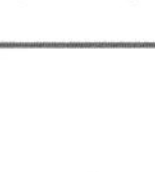

春雷惊蛰 《杨柳青年画》

青蛙鸣叫 《民间剪纸》

从惊蛰起，春耕正式开始，广大农民以农谚为依据，从事各种农事活动。有谚语为证：

“惊蛰寒，秧成团；惊蛰暖，秧成杆。”

“冻惊蛰，冷清明，麦子必有好收成。”

“惊蛰春翻田，胜上一道粪。”

“惊蛰清田边，虫死几千万。”

惊蛰的主要生产是春翻、施肥、灭虫、造林。其中的灭虫还带有一定的巫术色彩。如山东民间过惊蛰时，多在院内点火升灶，在露天烙煎饼，据说可以熏烟驱虫；陕西民间必吃炒熟的豆子，据说事先用水泡好的豆子炒时发出的声响，就像虫子遇火发出的声音一样；山西北部则吃梨，“梨”谐音“离”，据说，这样做可以让虫子远远离开庄稼地，以保证庄稼丰收。

犁耕图 汉代画像石

耕地 《民间剪纸》

在惊蛰前后，我国北方有“二月二，龙抬头”之俗。民间认为，农历的二月初二是上天主管云雨的龙抬头的日子，从此以后，雨水就会逐渐增多，预示着本年会获得好收成。明人刘侗《帝京景物略·春场》载：

土地神 《中国迷信研究》

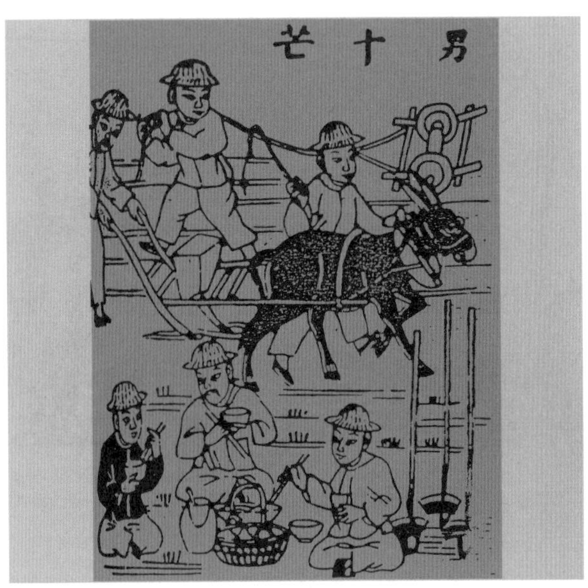

男十忙 河北武强年画

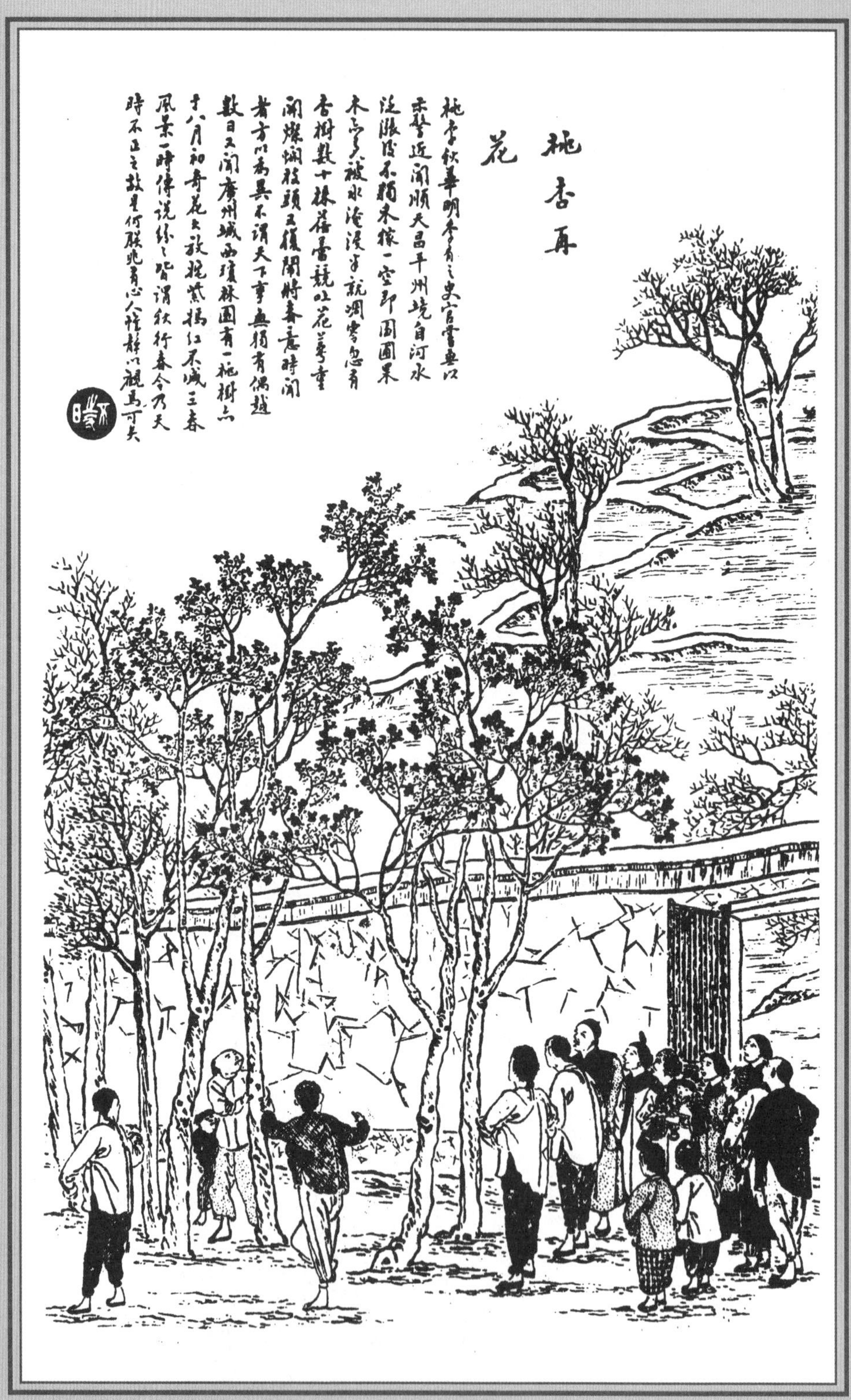
桃杏再花
桃李秋華明季有之史官書異以示警近聞順天昌平州境自河水泛漲後不獨禾稼一空即園圃果木亦多被水淹浸乎既凋零忽有杏樹數十株蓓蕾競吐花萼重開燦爛枝頭又復鬧將春意時聞者方以爲異不謂天下事無獨有偶越數日又聞廣州城西積林園有一桃樹亦于八月初奇花大放穠紫嫣紅不減三春風景一時傳說紛紛皆謂秋行春令乃天時不正之故是何朕兆有心人惟靜以觀焉可矣

桃杏再花 《点石斋画报》

荷叶落蛙 《熏画艺术》

“二月二日曰‘龙抬头’，煎元旦祭余饼，熏床炕，曰‘熏虫儿’：谓引龙，虫不出也。”古时宫廷也很重视二月二这个节日。明代刘若愚的《酌中志》载：“二月二日，各宫门前撤出所安彩妆，各家用黍面枣糕，以油煎之，或白面和稀摊为煎饼，名曰‘熏虫’。”由此看来，人们之所以过“二月二”，主要原因是人们认为龙是百虫之王，祭龙除了蕴含祈雨的愿望外，也有把龙神请来，以便驱逐害虫、保证庄稼丰收之意。同时，二月二也是土地神的诞生日；二月初三是文昌会。文昌帝君也称文曲星，是主宰功名、禄位之神。相传二月初三是文昌帝君的诞日，古时每逢这天，各地官吏都要去当地的文昌宫祭拜文昌帝君，一般人家里有读书者也要前去祭拜，焚香祈祷，以求得科举登第。

另外，少数民族地区也有不少民俗节庆活动，如二月初六佤族过播种节；傈僳族过刀竿节；广大汉族地区为了纪念佛祖出家日，一般要举行各种法会；初九纳西族过祭猪节；十二日仡佬族举办春社活动；十三日藏族过“布谷鸟节”。

以上节日大同小异，但是目的是相同的，主要标志着春耕开始了。

桃花 《羊城风物》

春　分

春分在阴历二月中，斗指壬为春分。相当于阳历三月二十一日前后，太阳到达黄经零度开始。春分的意义有二：一是指一天时间白天黑夜平分，各为 12 小时；二是古时以立春至立夏为春季，春分正当春季三个月之中，平分了春季。该节气和秋分一样，为南北半球昼夜均分，又为春季之半，故名春分。《春秋繁露·阴阳出入上下篇》曰：“春分者，阴阳相半也，故昼夜均而寒暑平。”春分日过后，日落的方位渐渐向西北偏移，到夏至日达最西北点，再到秋分日返回正西，而后逐日往西南移，到冬至日达最西南，而后再向西，春分日回归到最西点。《月令·七十二候集解》载：“二月中，分之半也，此当九十日之半，故谓之分。”过去有一副春联：

二月春分八月秋分昼夜不长不短，
三年一闰五年再闰阴阳无差无错。

对此说得最为明白。

宋代诗人欧阳修的《春分》诗：

南园春半踏青时，风和闻马嘶；
青梅如豆柳如眉，日长蝴蝶飞。

是对春分这一节气最好的描述。

事实上，春分是一个极其古老的节气，而且是极早的节气之一。《尚书·尧典》称春分为“日中”。春秋时期，已经利用土圭（竿）测量日影的变化，定出二分（春分、秋分）、二至（夏至、冬至），把一年中圭影最短的一天定为夏至，最长的一天定为冬至。再把冬至和夏至之间圭影长短和之半的一天定为春分。该日太阳直射赤道，地球上各地昼夜时间近同，为平分的一天。春分时节，我国大部分地区的越冬作物进入春季生长阶段，所以才有“春分麦起身，一刻值千金”之说。此时，春光明媚，春色浓艳，春燕呢喃，处处给人以美的享受。唐代诗人权德舆的《社日兼春分端居有怀》曰：“清昼开帘坐，风光处处生。看花诗思发，对酒客愁轻。社日双飞燕，春风百啭莺。所思终不见，还是一含情。”诗人用轻快的笔调描写出春分时节的大好风光。

春分时节，除了全年皆冬的高寒山区和北纬 45° 以北的地区外，全国各地日平均气温均稳定升达 0℃以上，严寒已经逝去，气温回升较快，

京西碧云寺 《杨柳青年画》

尤其是华北地区和黄淮平原，日平均气温几乎与多雨的长江及江南地区同时升达10℃以上而进入明媚的春季。辽阔的大地上，岸柳青青，莺飞草长，小麦拔节，油菜花香，桃红李白迎春黄。而华南地区更是一派暮春景象。从气候规律说，这时江南的降水迅速增多，进入春季“桃花汛”期；在“春雨贵如油”的东北、华北和西北广大地区降水依然很少，抗御春旱的威胁是农业生产上的主要问题；西南地区春耕春播开始，谚曰：“春分到，把种泡，点了玉米忙撒稻。”另外，在西南地区，除了做好播种工作外，还要给冬小麦、油菜追肥，做好防治病虫害的工作。

“春分麦起身，一刻值千金”，北方春季少雨的地区要抓紧春灌，浇好拔节水，施好拔节肥，注意防御晚霜冻害；南方仍需继续搞好排涝防渍工作。江南早稻育秧和江淮地区早稻薄膜育秧工作已经开始，早春天气冷暖变化频繁，要注意在冷空气来临时浸种催芽，冷空气结束时抢晴播种。群众经验说：“冷尾暖头，下秧不愁。”要根据天气情况，争

初春韭芽 《太平欢乐图》

春社图 《春社猥谈》

春社图 《清史图典》

取播后有三五个晴天，以保一播全苗。南方的春茶已开始抽芽，应及时追施速效肥料，防治病虫害，力争茶叶丰产优质。

“二月惊蛰又春分，种树施肥耕地深。”春分也是植树造林的大好时机，古诗就有“夜半饭牛呼妇起，明朝种树是春分”之句。由此可以看出，我们的祖先从古代起就很重视植树造林，美化环境。

在谈到春分时，不得不提到春社。最初把“立春”后第五个戊日叫社日。一年有两个社日，分别称之为春社和秋社。社日要祭祀社神，因为祭祀活动多以村子为单位举行，又称村社。社神又称土地神，

社 國

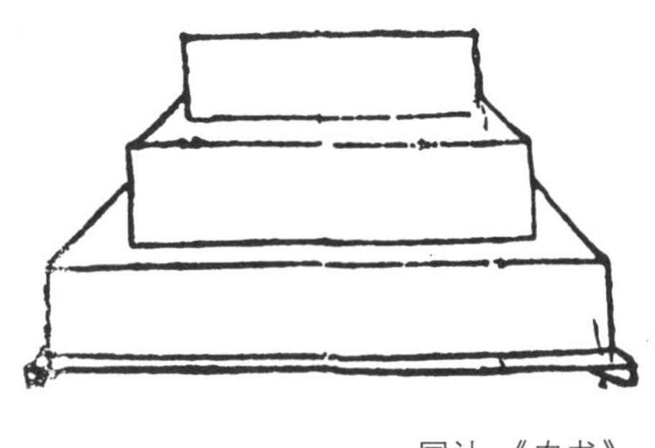

国社 《农书》

古时春社敬祀土神以祈祷农业丰收，秋社敬祀土神以酬谢农业获得丰收。实际上，春社、秋社分别在“春分”和“秋分”前后，因此也有人把它们当作节气看待。在古代，先民们靠天吃饭，生产力水平比较低，人们在开始春耕之时和秋收之后，为了祈祷和感谢“天”和“地”的恩赐，敬祀土神是很自然的事情。

如今，中国民间的春社活动日趋简化，但祭祀土地神的仪式和社火演出还一直保留着。

承美放生 《点石斋画报》

买鸟放生 张毓峰摹绘

出城探春 《点石斋画报》

祭神农 《清史图典》

皇帝亲耕 《杨柳青年画》

清　明

清明虽然是一个节气，但由于各地在该日祭祖，加上官方和文人的提倡，清明已经成为一个全国性的约定俗成的节日。清明在阴历三月初五前后，所以又称三月节，斗指乙为清明，相当于阳历四月五日前后。太阳到黄经 15° 位置开始。《淮南子·天文篇》载："春分后十五日斗指乙为清明。"《月令·七十二候集解》载："三月节……物至此时，皆以洁齐而清明矣。"清明时节，天气晴朗，气温上升，草木复生。北方大部分地区已经摆脱了寒冷，江南地区已经细雨纷纷。

清明 《千字文》

播种 《康熙耕织图》

送饭 《康熙耕织图》

在农事安排上，清明是一个关键的时节，相关农谚较多，如“清明前后，种瓜点豆。”“清明谷雨紧相连，浸种耕田莫迟延。”“杏花朵朵开，春播巧安排。”“山中甲子无春夏,四月才开二月花。”“枣发芽，种棉花。”，等等。

燧人取火 《启蒙画报》

从以上谚语可看出，清明是春播的关键时期。“清明一到，农夫起跳。”一到清明节，农民都坐不住了，纷纷扛起农具，走上田间地头，辛勤劳作。清明节后，大面积播种开始，农民急盼下雨，故有“春雨贵如油”“清明前后一场雨，强如秀才中了举”的说法。如果清明前后能够下一场透雨，对于农民来说是再好不过的事情了。

阳燧 《考工记图说》

寒食 《千字文》

过去在清明节前一天还有一个节日，即寒食节，民间传说是为了纪念晋国名臣介子推，他协助重耳重新登上王位后，因不愿当官而躲入绵山，最后被活活烧死。为了纪念介子推，晋文公下令把绵山改为“介山”，在山上建立祠堂，并把放火烧山的这一天定为寒食节，晓谕全国，每年的这一天禁忌烟火，只吃寒食。其实寒食节起源于远古时代的改火信仰，相传火是燧人发明的，但当时每个季节用不同的工具钻木取火，故称改火。改火期间有不能熟食的习俗，后人约定俗成地归之于介子推了。随着时间的推移，人们把寒食并入清明节，所以寒食节的活动也就成为清明节的活动了。

清明节所在的三月又称为桐月，桐树开花是清明节的标志之一。三月初一为双蝶节，目的是纪念为了追求爱情而化为蝴蝶的梁山伯与祝英台，以祈求美好的婚姻。初二，人们开始踏青。初三为上巳节，祭祀高禖是上巳节最重要的活动，高禖相传是管理婚姻和生育之神。“禖”通“媒”，最初的高禖据说是成年女性。事实上，远古时期一些裸体的妇女像有着非常发达的大腿和胸部，还有一个前突的肚子，这就是生殖的象征。辽宁地区红山文化遗址的女神陶像就是生育之神。人们通过祭高禖和会男女等

清明佳节 《全本红楼梦》

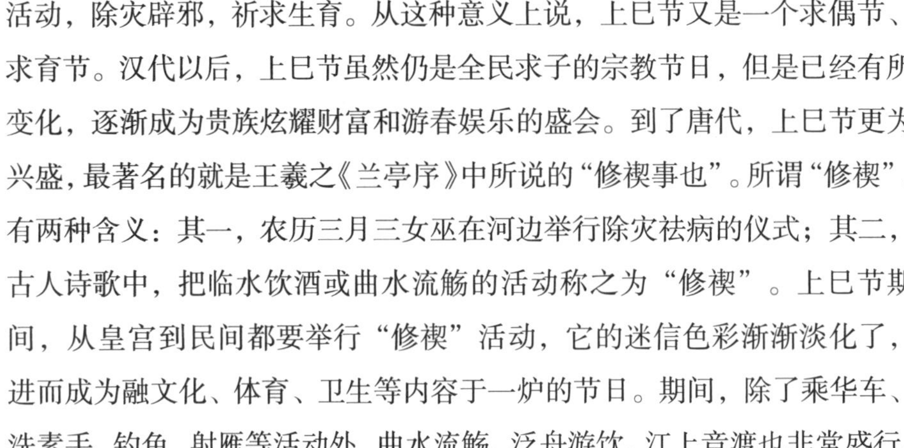

活动，除灾辟邪，祈求生育。从这种意义上说，上巳节又是一个求偶节、求育节。汉代以后，上巳节虽然仍是全民求子的宗教节日，但是已经有所变化，逐渐成为贵族炫耀财富和游春娱乐的盛会。到了唐代，上巳节更为兴盛，最著名的就是王羲之《兰亭序》中所说的“修禊事也”。所谓“修禊”，有两种含义：其一，农历三月三女巫在河边举行除灾祛病的仪式；其二，古人诗歌中，把临水饮酒或曲水流觞的活动称之为“修禊”。上巳节期间，从皇宫到民间都要举行“修禊”活动，它的迷信色彩渐渐淡化了，进而成为融文化、体育、卫生等内容于一炉的节日。期间，除了乘华车、洗素手、钓鱼、射雁等活动外，曲水流觞、泛舟游饮、江上竞渡也非常盛行。

传说三月三是西王母举办蟠桃会的日子。神话传说中，王母娘娘是玉皇大帝的皇后，又是长生不老的寿星。她的寿诞为农历三月三，每到这一天，她邀请天上的诸路神仙，会集瑶池庆贺。古人在这一天也要举行蟠桃会，一方面表示祝寿的虔诚之意，另一方面希望得到恩泽而延年益寿。《京都风俗志》载：“三月三日，相传为西王母蟠桃会之期，东便门内太平宫，俗称蟠桃宫。所居羽士，修建佛寺，自初一至初三庙市，士女拈香，游人甚众。”

三月三在全国各地都普遍盛行。但是内容有所不同。四川称之为“三月会”；淮阳人祖（即伏羲氏）庙会也在三月三，应该起源于古老的求偶节、求子节；扬州拜三茅真君；温州在三月三供奉无常鬼，以便祈求健康，多生贵子；山东齐河结婚多年而不孕的妇女在这天去娘娘庙烧香叩拜，主持赐给一根红线，求育者用红线拴一个泥娃娃，象征娘娘赐子，生子后把泥娃娃放在

三月尝桃　《羊城风物》

墙洞内，每年三月三给娘娘神烧香上供。

初四为寒食节。寒食节又称“禁烟节”“冷节”。《荆楚岁时记》记载：“去冬一百五日，即有疾风甚雨，谓之寒食，禁火三日。”这一天禁止烟火，只吃冷食。寒食节起源于改火，后来又传说发生于春秋时期。晋国公子重耳与介子推流亡列国，介子推割股肉供重耳充饥，重耳回国为晋文公，介子推不求利禄，与其母隐居绵山，文公焚山以求其归，介子推与母共亡，晋文公为纪念介子推，把其殉难的这天定为寒食节。是日，多以甜饧（麦芽糖）和冷粥、干饼一起食用。即使是皇帝赐宴，也是冷菜冷馔。唐代张籍的《寒食日内宴》载：“廊下御厨分冷食，殿前香骑逐飞球。千官尽醉犹教坐，百戏皆呈亦未休。”这就是最好的说明。

唐代开始盛行寒食节扫墓，悼念故去的先辈。后来寒食节与清明节合而为一，禁火冷食不传，而扫墓的习俗却一直保留至今。

初五为清明节。宋代诗人高菊涧《清明》一诗云：

南北山头多墓田，清明祭扫各纷然。
纸灰飞作白蝴蝶，血泪染成红杜鹃。
日暮狐狸眠冢上，夜归儿女笑灯前。
人生有酒须当醉，一滴何曾到九泉。

清明祭祖扫墓 《清代俗语图说》

清明祭祖在各地都比较流行。清明是我国三大鬼节之一，祭祖活动有两种形式：一种是在家或祠堂祭祖先，汉族和一些少数民族自古以来就有祭祖的仪式，古代称合祭或祫祭，指的就是在祠堂或太庙中祭祀远近祖先；另一种是上坟或扫墓，又称

卖祖先画像 黄慎《风俗图》

卖香 《羊城风物》

墓祭。陈文达《台湾县志》记载："清明，祭其祖先，祭扫坟墓，必邀亲友同行，妇女亦驾车到山。祭毕，席地为饮，落暮而还。"

除了祭祖和扫墓外，人们因为畏惧野鬼孤魂，在扫墓之际，也会分出一部分食品、酒和纸钱，给孤魂一定的安慰，一方面防止他们抢夺祖先的供品，另一方面也为了防止孤魂干扰生者的生活。

清明节除了扫墓外，还有许多民俗活动，诸如春游、踏青、植树和插柳等。斗鸡、放风筝、荡秋千、击球等活动也很盛行。

在民族地区，三月三是朝鲜族的三巳节，土族、白族、布朗族、侗族、壮族、黎族、畲族等少数民族也过三月三，四月初九高山族过夜鱼祭，初十傣族过泼水节，等等。

做元宝 《羊城风物》

朝山拜顶 《杨柳青年画》

十美放风筝 《杨柳青年画》

戒牛延寿 《慈悲果报录》

植树 《太平欢乐图》

养鸟 《北京风俗图谱》

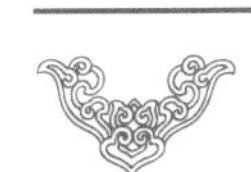

谷　雨

谷雨在阴历三月中，即三月二十四日前后，斗指癸为谷雨，相当于阳历四月二十日前后，太阳到黄经 30° 开始。谷雨旨在提醒人们抓住降雨时机，努力耕作。谷雨时节，雨水对农作物来说尤为重要。《月令》云："三月中，自雨水后，土膏脉动，今又雨其谷于水也……盖谷以此时播种，自上而下也。"《管子》载："时雨乃降，五谷百果乃登。"《群芳谱》曰："清明后十五日为谷雨，雨为天地之合气，谷得雨而生也。"谷雨的意思是"雨生百谷"，从这天起雨量增多，对谷物生长有利。

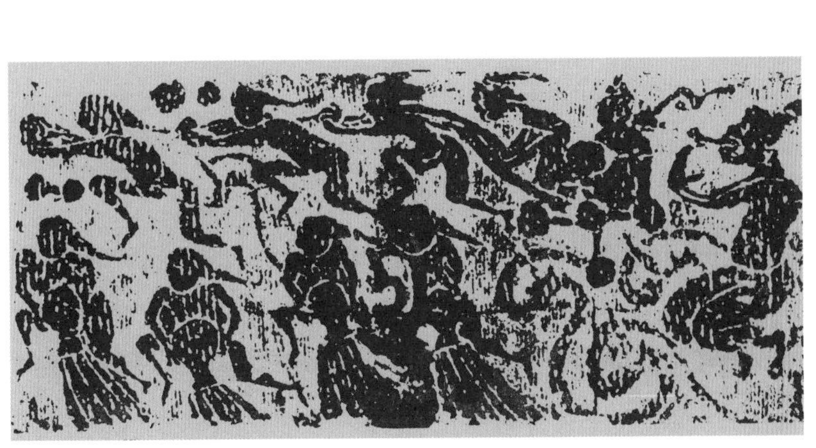

天帝布雨图 安阳汉代画像石

桐生异状 《点石斋画报》

临水饮宴 《每日古事画》

这个节气的特点是气温升高，开始多雨，有时候会出现彩虹，蚊虫也陆续活跃起来，因此有“雨生百谷”之说。《逸周书》记载：“谷雨是日萍始生。”即水池内的浮萍也出现了。在生产上，开始种棉花，养蚕也进入一个关键时期，所以农民们迫切需要雨水，北方如果遇到久旱不雨，则会出现祈雨活动。商代甲骨文中以女巫求雨，汉代出现了天帝布雨画像石，当时人们认为雨水由天神、雨师主宰，故遇到大旱必须求助于神灵。在南方雨水不像北方那么奇缺，但是天气炎热，反映在生活上是人们喜欢喝茶，也比较关注茶叶的生

望春亭宴会 《每日古事画》

络丝 《羊城风物》

大起、捉绩 《清史图典》

采桑、分箱 《清史图典》

公蕻、炙箱 《清史图典》

下簇、采茧 《清史图典》

窖茧、练丝 《清史图典》

蚕蛾、祭祀 《清史图典》

纬、织 《清史图典》

络丝、经阁 《清史图典》

淬色、攀花 《清史图典》

剪帛、剪衣 《清史图典》

产，人们相信茶由茶神——陆羽主宰。其实陆羽也是一位凡人，因为著有《茶经》一书，后世就把陆羽奉为茶叶行的祖师爷。在江南有专门的制茶工具和饮茶器皿，尤其是茶钵，它是古代最有代表性的加工茶叶的器皿。

谷雨期间，春风宜人，也是人们放风筝的季节，古人把阴历三月二十日定为风筝节。二十三日在云南大理白族地区有桃花节，贵州苗族则过爬山节。

牡丹 《羊城风物》

十二月采茶花名歌 江苏桃花坞年画

谷雨期间，民间有祭拜太阳生日的仪式。太阳对于农业生产非常重要，没有太阳的普照，就不会有万物的生长和成熟。《太阳经》云：“天上无我无昼夜，地上无我少收成。”由此可见，太阳之于天地的重要性。

太阳生日的祭拜时间和方式各不相同。有的在清晨日出时开始，有的在正午时祭；有的面向东方焚香祭拜，有的设坛祭祀；有的地方向着太阳叩拜并诵读《太阳经》。不论采用哪种方式，其目的只有一个——崇拜太阳。

观花 《点石斋画报》

上簇 《羊城风物》

牵经 《羊城风物》

织丝 《羊城风物》

浣丝 《羊城风物》

夏季的节气

立 夏

立夏又称四月节，在阴历四月五日前后，斗指东南为立夏，相当于阳历五月六日前后，太阳到黄经 45° 开始。《月令·七十二候集解》载：“四月节，立字解见（立）春。夏，假也，物至此时皆假大也。”作为夏季的开始，是有一定标准的，即连续五天气温在 22℃以上才算进入夏天。

二十四节气每个节气太阳都移动 15° 。但是两节气的时间并不相等。相对来讲，夏季的间距要比冬季的长，其原因是地球绕日的轨道是椭圆形的；夏季时地球最接近太阳，所以地面温度也最高。

在古代，立夏是一个比较重要的节气。首先皇帝要到南郊迎夏，祭神、尝新、举办宴会。《后汉

做天难做四月天 《清代俗语图说》

渔家乐　潍坊年画

称体重
《中国表记与符号》

书·礼仪志》载“（黄帝）迎夏于南郊，祭祝融，车旗、服饰皆赤。”根据文献记载，立夏起三日，太史令谒告天子，天子斋戒沐浴，立夏之日，天子亲率三公九卿迎夏。其次，迎夏完毕，君臣聚集一堂，品尝夏时三鲜。三鲜指樱桃、穊麦和青梅。尝新前必须祭祀祖先及诸神，至今民间还流行着尝新节。第三，由于夏季炎热，人们吃不好，睡不安，一般体重都会减轻，俗称“枯夏”。“枯夏”之时，有的地方用竹笋、芥菜和咸鸭蛋祭祀神明和祖先后，混煮后分食。因为这三种食物有去火去痧之功效，除了消暑之外，还可以预防疾病。民间把这种活动谓之“厣夏”。因此民间提倡夏季进行食补，“头伏饺子二伏面”说的就是进补的食物。一些地区还流行定期为人们，特别是儿童称体重，称

体重也叫“称人”。“称人”是立夏的重要活动之一。古代称重物非常不方便，立夏那天，古人特地准备好称人的工具，一般是把一根粗麻绳吊在大梁上，然后把一杆大秤的秤绳系在粗麻绳一端，男女老少每人抓住秤钩来称量体重。至于防暑的夏布、扇子、凉席等用品在全国各地的使用也是很普遍的。

立夏中除了迎夏等民俗活动外，主要的节日还有四月初八的浴佛节。浴佛节又称浴佛会、龙华会。传说中的佛祖释迦牟尼的生日是四月初八，

耘田 《天工开物》

薛宝钗持扇 《红楼梦》

耙田 《天工开物》

此日僧尼皆香花灯烛，置铜佛于水中，进行浴佛，一般民众则争舍钱财、放生、求子，祈求佛祖保佑。这一天，各地举行庙会，佛寺举行佛诞进香。《洛阳伽蓝记·法云寺》载：“四月初八，京师士女多至河间寺。”她们一方面进香，另一方面也参加结缘等活动。结缘是以施舍的形式，祈求结来世之缘。《清稗类钞·时令类》载：“四月初八日为浴佛节，宫中煮青豆，分赐宫女内监及内廷大臣，谓之吃缘豆。”浴佛节期间，有些地方还有乞子活动。清《日下旧闻考》卷一百四十七记载：“四月初八，燕京高粱桥碧霞元君庙，俗传是日降神，倾城妇女往乞灵祈生子，西湖、玉泉、碧云、香山游人相接。”《吉林奇俗谈》云：“吉林白山四月二十四日开庙会，求嗣者诣观音阁，于莲花座下窃取纸糊童子一，归家后置褥底，俗谓梦能可操胜券。”

古人拜神求佛者，多半是为了使身上的疾病痊愈，所以庙会上也有不少卖药、治病者，有些久治不愈的患者习惯祭拜中医的祖师爷——“药王”或“医圣”。

插扇面　《北京民间生活彩图》

彝族插秧　《彝族古代绘画》

耨田 《天工开物》

民间称华佗为“神医”，称扁鹊为“药王”，称孙思邈为“医圣”。民间为了防暑，多使用扇子，下雨则用伞。

立夏时的农事活动，各地劳逸不均，有些地方主要是锄地，谚语云：“立夏三朝遍地锄”“立夏立夏，泡犁泡耙”“立夏不下，犁耙高挂。”东北地区主要是管理好冬、春小麦，及时给小麦除草松土。有些地方继续播种高粱和玉米。华北地区春播的秋季作物先后出苗，这一时期，得抓紧时间查苗补苗，如果秧苗过稠或过稀，就得利用有利时机补苗、定苗。另外，还要做好中耕除草防虫的工作。

立夏时节，华北地区大部分地方的小麦“立夏见麦芒”，小麦开始抽穗，

锄棉 《耕织图》

随后就进入灌浆阶段，这一时期，得加强麦田的水肥管理，如果水肥跟不上，就会使小麦的产量减少，还要防治小麦锈病的发生，及时给麦地喷洒农药。另外，有些地方在立夏时有做茯苓糕的习俗。

西南地区在立夏前后，已经开始收割油菜和大小麦。“立夏三坂（麦、油菜、樱桃）黄”说的就是这个意思。西南地区除了收割油菜和大小麦外，水稻插秧也已经开始。有些地方还得播种棉花和晚玉米。一旦玉米出土，就得抓紧时间定苗、补苗，及时进行中耕追肥等农事活动。华中地区，立夏时节有的地方油菜已经收割完毕，开始为来年选种留种。华中南部、沿江一带的早稻已经栽插完毕。华中北部一些地方开始抢栽春甘薯等。

立夏时节，除了农活外，还要从事副业生产。“乡村四月闲人少，才了蚕桑又插田。”这主要指长江中下游地区。

卖茯苓糕　张毓峰摹绘

小　满

小满在每年阴历四月二十一前后，相当于阳历五月二十一前后，太阳位置到黄经60° 开始，斗指甲为小满。小满指的是，麦子籽粒已经饱满，但还没有完全成熟；南方种水稻的地区，小满前后水田里的水已经蓄满。《月令·七十二候集解》载："四月中，物至于此小得盈满。"宋代《懒真子录》云："小满在四月中，麦之气至此方小满而未熟。"《群芳谱》曰："小满，物长至此，皆盈满地。"

在小满时，各地农活较多，农民们都十分繁忙，由于我国地跨纬度较大，各地的农活也不同。

东北地区在小满期间，主要加强苗期管理，及时给农作物间苗、定苗，查田补种或者座水移苗。为了保持农作物生长所需要的温度，必须定期灭草松土，

割麦 《耕织图》

以提高地温。另外，这一时期，天气变化异常，要做好人工防雹的工作，以防止雹子给农作物带来的损失。

华北地区有“小满天赶天”之说。意思是说，小满的时候，这里的农民非常繁忙。这时春播已经结束，即将进入三夏大忙时期，全家一起动员起来，即使是在外打工的人员也得回来，做好夏收前的一切准备工作。与此同时，要做好给麦地点种秋季作物的工作。因为夏收和点种同时进行或者间隔不长，如果没有抓紧时间，不能及时点种就会影响秋季作物的收成。

西北地区，主要是给冬、春小麦浇水和松土，防治病虫害，一些种植春小麦的地方，得抓紧时间给春小麦施肥。春玉米开始定苗、中耕除草等。

但是各地气候不同，作物生长情况相差较大，农活也不一样。以陕西省为

山箔 《天工开物》

赛冬麦秀 《点石斋画报》

辘轳 《天工开物》

例，该省就有三个气候地带，各个气候带麦子的生长发育情况也不一样。如小满时麦子的长势情况如下：陕北“小满麦扬花”，其地域与内蒙古、东北相近；关中地区则好一些，“小满麦满仁”，说明当地与小满节气相适应；汉中地区“麦到小满十日黄”，说明距离收割没有几天了。如果从陕西扩大到全国范围，小满时各地的气候就更有差别了。这一点从谚语中就能看出端倪。黄河流域“麦到小满尚未熟”；长江流域却是另一番景象，即“麦到小满日夜黄”，说明收割的季节来临了。

踏车 《天工开物》

华中地区的小满时节，所有人都非常忙碌。从南到北夏熟作物先后开始大规模收割，南部一些地方已经收割完毕，北部一些地方还得加强麦田的后期管理，重点是防御干热风，如果干热风防御不好，就会使小麦减产。在抢收的同时，得抓紧时间栽插中稻，同时给早稻田里注水施肥，防治螟虫等害虫。春玉米、高粱已经开始成长，得做好中耕除草培土的工作。棉花主要做好查苗、

苗神 《民间纸马》

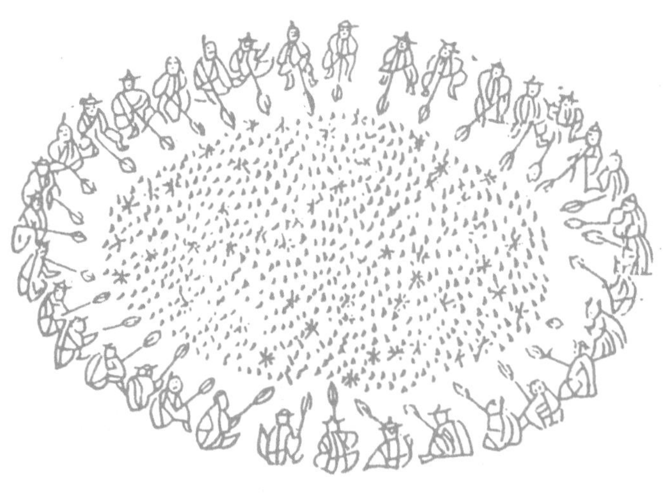

围蝗 《捕蝗图说》

补缺、间苗、定苗等工作。与此同时，还要做好花生的田间管理。种植茶树和果树的地方，还得做好中耕、锄草、追肥等工作。同时，各地容易发生虫灾，防虫活动较多。

有关小满的谚语也较多。“小满不满，干断田坎。”“小满不满，芒种不管。”“蓄水如蓄粮。”这些都是小满与农业生产有关的谚语。

虽然在四月二十一日过小满，但与小满有关的节庆活动还不少。四月二十四日为白族的蝴蝶会；四月二十八日为药王诞辰。药王是我国民间行业神之一，为医生、药铺、药材贩运商、药农、医学教师等所敬奉。我国不同时代、不同地区流行的药王并不一致，计有伏羲、神农、黄帝、

蝗蝻太尉 《中国剪纸神像》

青苗蒲神总圣 《中国剪纸神像》

孙思邈、扁鹊、华佗、三韦氏、吕洞宾、李时珍等十几个。其中伏羲、神农、黄帝为上古三皇，被称为“医药之祖”，又称“药皇”。最著名的药王是唐代著名医学家孙思邈，他著有《千金要方》《千金翼方》，宋徽宗曾封其为“妙应真人”，孙思邈医术高明，因此被神化而尊为“药王”；其次是扁鹊，扁鹊是战国时代著名的医学家，旧时药铺常挂“扁鹊复生”的牌匾，反映出药材业对扁鹊的普遍尊奉；再次是华佗，华佗是汉末医学家，素有“药圣、医王”之称。此外，东汉光武帝刘秀云台二十八将（二十八宿）之一的邳彤也被尊为“药王”。相传邳彤不仅以武功见长，亦喜好医学，重视医药。清乾隆《祁州志·卷三建置》记其事云：“汉将邳彤之庙，俗呼为皮场王，即药王也，在南关。按王本州土神，自宋迄今，以医显灵，有疾者祷之即愈。相传先朝有秦王得疾，诸医莫疗，一医后至，进药数丸，立愈。问其姓名，对曰祁州南门外人也，遣使即其地，始知为神，诏立庙

播种 《耕织图》

祀之。宋建中元年封灵应侯，后改封公，咸淳六年加封明灵昭惠显佑王，建庙临安。”

四月十九日侗族过洗澡节，主要活动是洗药水澡。过节这天，侗寨人们把上山采集的九里光、三角枫、金银花、兰花、刺梨、刺老包、大鸟泡、马桑、蛇倒退、黄葵、斑鸠窝、小红活麻、葛麻藤、骨节草、四方草等药物，放在架好的大锅里用火熬，然后用熬好的药水加少许米酒、食盐沐浴全身。根据现代科学鉴定，侗家洗澡用的草药具有清热解毒、消肿化脓之功效。当地民谚曰：“立夏不洗澡，全身毒疮咬。”

四月三十日哈尼族过开秧节，有的地方叫“牛王节”或“牧童节”，主要是纪念耕牛的节日。这一天，家家吃“牛王粑”、糯米饭，同时还要把这些食品拿一部分给牛吃，让牛“放假”休息一天。过完开秧节后，当地就开始插秧了。

荷花　《羊城风物》

芒　种

芒种在阴历五月初，多半在初七前后，斗指巳为芒种。相当于阳历六月五日左右。太阳到了黄经75°开始。芒种也称忙种，这时麦类等有芒的作物开始成熟并收割，同时也是秋季最繁忙的作物播种的时节。这一节气告诫农民得赶紧播种，否则悔之晚矣。

《周礼·地官》云："泽草所生，种之芒种。"

《月令·七十二候集解》载："五月节，谓有芒之种谷可嫁种矣。"

明代《檐曝偶谈》载："种之芒者，麦也，谓之有芒，麦也，至是当熟矣。"

《授时通考》载："芒种，谓之有芒者，

芒种割麦　《敦煌壁画线图集》

麦也，至是当熟矣。”

从上述文献可以看出，到了芒种，农事活动中有几个突出表现：一是麦子成熟了，得赶紧收割，谚语“麦到芒种谷到秋”“芒种不收草里眠”就是告诫人们，麦子到了芒种就得赶紧收割了，不然麦粒就会散落在草里；二是除了收麦外，还得种大秋作物，如玉米、谷子、糜子等，所以此时又是三夏大忙季节，农谚“芒种忙忙种”“田家少闲月，五月人倍忙”对此进行了很好的说明。但是具体到各个地区来说，也有所不同。东北地区，由于温度相对来说比较低，无论是冬小麦还是春小麦，才开始进入灌水施肥阶段，距离收割还有一段时间。西北地区冬小麦这时主要是防治虫病，人们还要给春玉米浇水、中耕除草。

插秧 《耕织图》

而华北地区、西南地区和华中地区都进入了三夏大忙时期。华北地区，夏收和夏种同时开始。“麦熟一晌，龙口夺粮”“夏种早一寸，顶上一茬粪”说的就是收割和下种都是非常重要的，任何一个都不能耽误。在做好夏收和夏种的同时，还得加强棉田管理，主要是喷洒农药，防治蚜虫，给棉田浇水施肥。

秧马 《农书》

西南地区也比较忙碌，“芒

男十忙　潍坊年画

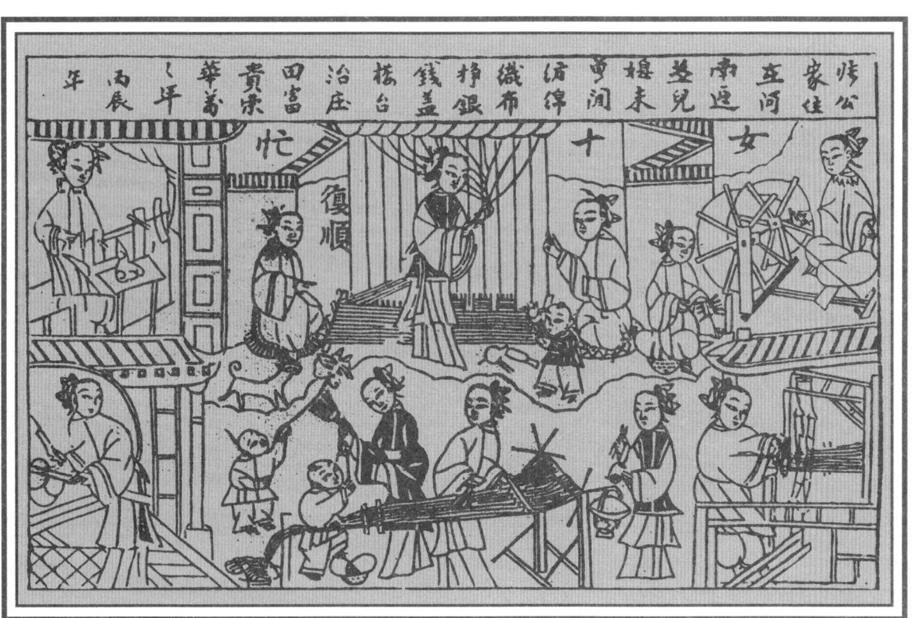

女十忙　潍坊年画

种忙忙栽，夏至谷怀胎”“芒种不种，种了无用”，因此，除了夏收以外，还必须抢种秋季作物，及时移栽水稻，要做到随收随耕随种。如果夏收作物成熟较晚，就得因地制宜，套种秋季作物，以保证秋季作物的播种时间。

华中地区的农民就更加忙碌起来。“芒种芒种，样样都忙”，一年之中，

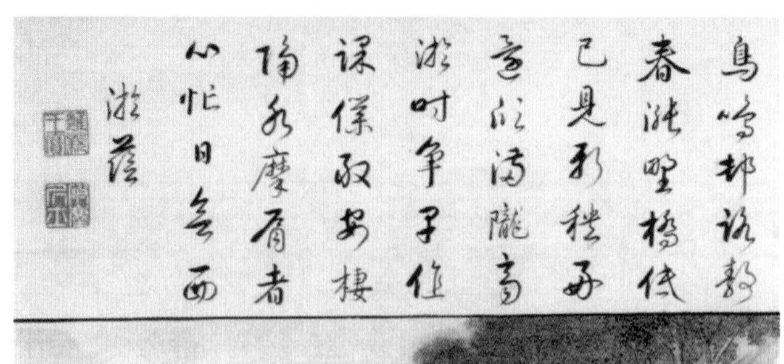

施肥 《康熙耕织图》

夏收、夏种、夏管农活都集中在了一起。如果错过了农时，就会耽误农作物的收成。除了抢晴收割小麦外，还得做好夏高粱、夏大豆、芝麻等农作物的抢种工作。芒种时节，华中地区的早稻管理也非常重要，此时早稻管理已经到了中后期，如果管理不当，就会影响水稻的产量，要根据秧苗的具体情况进行水肥管理。当地的中稻也要追肥，同时，要加强单季晚稻的田间管理，主要是除草等。华中北部的麦茬稻、江淮之间单季晚稻开始插栽，双季晚稻开始育秧，此时，主要是防治稻田的病虫害。

采菖蒲 《太平欢乐图》

相对来说，芒种期间，华南地区比较清闲。除了收获早玉米外，主要是抓好早稻追肥、中稻耘田追肥等农活。种晚稻、晚黄豆的地方这时也可以播种了。

在江南出现的霉雨天，也是从芒种后开始的。每年六月上旬以后，我国江淮流域一带会出现一

观稼殿观麦 《每日古事画》

种阴沉多雨、温度高、湿度大的天气现象。这段时期，食物、衣物、器物、居室都容易发霉，人们称这种天气为霉天或霉雨。又因这一时期正是江南梅子黄熟的时候，所以又称为梅雨或黄梅雨。由于“霉”与“梅”同音相谐，所以称这段时期为“梅雨季”或“霉雨季”。把梅雨开始之日叫作入霉（梅），结束之日叫作出霉（梅）。历书上入霉、出霉日期是这样得出来的：“芒种”后第一个丙日称为入霉，“小暑”后第一个未日称为出霉。入霉总是在6月6~15日，出霉总在7月8~19日。每年6~7月，南方暖空气势力增强，并已向北伸展到长江流域,因此时北方冷空气势力仍相当强，冷暖空气在江淮流域交界处遂形成一条静止锋，故出现连阴雨天气。霉雨持续一段时间之后，随着南方暖空气进一步

纺线织布 《耕织图》

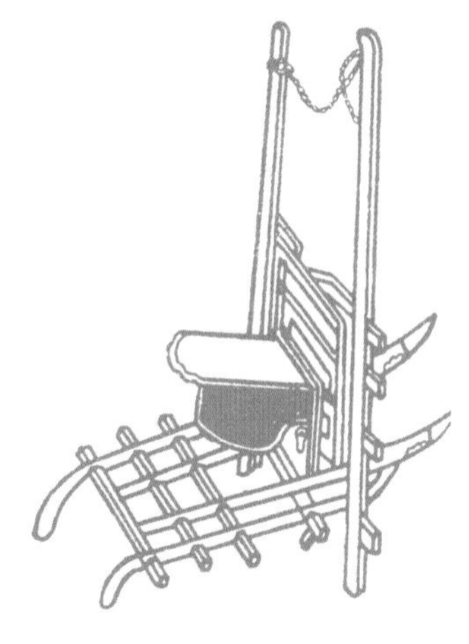

耧车 《农书》

闹龙舟 《杨柳青年画》

加强，最后暖空气逐渐控制了江淮流域，霉雨天气至此结束。

梅树正月开花，芒种时，梅子已经长大，其味酸涩，很难下咽，所以也有煮梅之说。酸涩的梅子和糖等调料共煮后就可以食用。北方一些地方把乌梅和甘草、山楂、冰糖等合煮，制成酸甜可口的酸梅汤，以供解渴消暑之用。

此外，在芒种这一繁忙季节，人们十分重视夏季饮食，如吃西瓜、香瓜，南方大多吃荔枝。各地还制作不少冷饮和冰品，目的是防暑健身，以便应付繁重的三夏劳动。

芒种多在端午节前后。端午节，又名端阳、重午、端五、重五、端节、蒲节、天中节、诗人节、女儿节。关于端午节的起源，比较通行的说法是楚国屈原五月五日投汨罗江自尽，人们为了纪念他，遂相沿成俗。但是近代学者的研究证明，端午节的许多活动早在屈原以前就存在了。端午节的起源可能是为了祭祀水神或龙神而举行的祀神仪式，后来各地又根据自己的历史文化，对端午节起源做了解释。

坐龙舟观大观园 《全本红楼梦》

端午节是一个祭祀诸神的节日，其中有屈原、曹娥、蚕神、农神、张天师和钟馗之祭。

曹娥是浙江地区五月五日祭祀的神灵之一。《后汉书·列女传》载："孝女曹娥者，会稽上虞人也。父盱，能弦歌，为巫祝。汉安二年五月五日，于县江溯涛婆娑（迎）神，溺死，不得尸骸。娥年十四，乃沿江号哭，昼夜不绝声。旬有七日，遂投江而死。至元嘉元年，县长度尚改葬娥于江南道傍，为立碑焉。"张天师也是端午节祭祀的神灵之一。《燕京岁时记·天师符》载："每至端阳，市肆间用尺幅黄纸，盖以朱印，或绘画天师、钟馗之像，或绘五毒、符咒之形，悬而售之。都人士争相购买，贴之中门，以避祟恶。"端午节的另一避邪之神是钟馗。是日，各户都购买钟馗图，挂于门上驱鬼，各户之间也以赠送钟馗像为荣。《清嘉录》卷五载："朔

中天辟邪 《中国农神》

赛龙舟 《杨柳青年画》

日，人家以道院所贻天师符，贴厅事以镇恶。”又称：“堂中挂钟馗画图一月，以祛邪魅。”由此看出，钟馗既可打鬼，又可驱疫。张天师、钟馗皆为道教历史人物，相传道教善于驱鬼降妖，而五月五日为毒月毒日，自然会把道教的神仙搬到节日中。

唱龙舟 《羊城风物》

划龙舟是端午节的重要活动之一，其起源很早，在春秋时的铜钺上已有划龙舟形象，说明划龙舟远在屈原之前就出现了。划龙舟的主要目的有二。一是祈求农业丰收。《浙江通志》引《西吴里语》云：“清明居民各棹彩舟于溪上竞渡，宜田桑。”二是驱除瘟疫。《长沙府志》卷十四载：“端午……坊市造龙舟，竞渡夺标，俗以为禳疫。”有的地方还以龙舟送鬼，即驱邪避瘟疫。在广东民间流行一种纸符，书有“天生火官除百害，八卦水御灭凶灾”，就是划龙舟时用的，目的是祛灾求吉。

吃粽子也是端午节的重要活动之一。

包粽子 《清史图典》

卖粽子 《太平欢乐图》

粽子，又称角黍。晋周处《风土记》载：“仲夏端午，烹鹜角黍。”角黍的做法是把粽叶（即大竹叶）泡湿，糯米发开，以肉、豆沙、枣仁等为馅儿，包成三角或四角形状，蒸煮熟而食之。《燕京岁时记·端阳》载：“京师谓端阳为五月节，初五日为五月单五，盖端字之转音也。每届端阳以前，府第朱门皆以粽子相馈贻，并副以樱桃、桑椹、荸荠、桃、杏及五毒饼、玫瑰饼等物。”端午节的特点和活动内容，在一首民谣中有充分的反映：

五月五，是端阳。
门插艾，香满堂。
吃粽子，洒白糖。
龙船下水喜洋洋。

赛龙舟 《羊城风物》

系彩丝 《清史图典》

悬艾草 《清史图典》

民间信仰认为五月为毒月，初五是毒日。有五毒，即蛇、蜈蚣、蝎子、蜥蜴、癞蛤蟆。此月多灾多难，甚至生孩子都会夭折，因此必须采取各种方法预防，包括以服药和巫术手段来避五毒之害。为了对付五毒，在端午节必赐扇，小孩穿五毒裹肚、佩香囊，捕蛤蟆，贴端午符，沐浴兰汤，等等。天津已婚妇女要带领小孩到河边“躲午”，并把身上佩戴的避邪物，如布人、布狗等丢入水中，取小布人代替主人受灾之意，俗称狗咬灾星。

端午节有许多游戏，除划龙舟外，还有射柳、击球、斗草、端午景。端午景也是一种高雅游戏。《清嘉录·五月端五条》载：（苏州）“五日，俗称端五。瓶供蜀葵、石榴、蒲、蓬等物，号为‘端五景’。”清朝宫廷画家郎世宁曾绘过一幅《端午图》，就是宫廷端午景的真实写照。

五月初十台湾有捕鱼祭；十三为关帝祭；十八为目连之母诞辰，各地都喜欢演《目连救母》[①]等剧目。

---

①传统剧目。写傅斋公持戒礼佛，乐善好施，死后金童、玉女引他上西天。其妻刘世真听从恶弟刘贾与金奴之言，杀狗斋僧，焚烧斋僧馆，触犯天庭，堕入十八层地狱。其子傅罗卜（目连）行尽孝心，几经劫难，挑经上西天，请法入地狱救母。

夏　至

夏至常在阴历五月二十三日左右，相当于阳历六月二十二日前后，太阳到达黄经90° 开始，斗指乙为夏至。《礼记·月令》载："鹿角解，蝉始鸣，半夏生，木槿荣。"这是夏至的基本特征。中国民间认为鹿角朝前生，属阳，夏至到，阴气生而阳气衰，所以鹿角开始脱落。蝉又称知了，夏至后开始鸣叫。半夏为中药材，夏至后开始生长。在古代文献中，有不少关于夏至的记载：

卖藕　《羊城风物》

荷亭消夏 《杨柳青年画》

南勳门观稼 《每日古事画》

《月令·七十二候集解》云："五月中夏，假也，至，极也。"

《汉学堂集解》引《三礼义宗》曰："夏至为中者，至有三义：一以明阳气至极，二以明阴之始至，三以明日行之北至。故谓之至。"

夏至又称"日长至""日永"。夏至过后，阳光向南方移动，白昼渐短，黑夜渐长，"吃了夏至面，一天短一线。"古人为什么这样说呢？这里有一定的原因。

根据科学的解释，太阳直射北回归线，即照到北纬23° 27′处时，我国的广东汕头、广西梧州、

此中國擺西瓜攤子之圖也每逢夏季此瓜盛行之際街市設有棹案用刀將瓜切塊紅穰黑子名曰榆次瓜白穰白子名曰三白其味甚甜去暑止喝零賣食之方便之極矣

卖西瓜 《北京民间生活彩图》

卖馄饨 《羊城风物》

卖酸梅汁 《羊城风物》

台湾嘉义均在北回归线上，这是太阳在一年内直射最北边的一天，也是北半球一年中白昼最长的一天。夏至以后太阳开始南移，白天就逐渐变短了，这就是“吃了夏至面，一天短一线”的原因。其中的“线”，指织布的纬线，由于天变短了，农妇织布的时间也就少了，一天之内必然少织一根纬线。这是非常形象的说法。

夏至是极为古老的节气之一，也是一个重要节日，宋代曾有给官吏放假三天的制度，该日官吏可以回家团聚，度过盛夏。农历规定，夏至后第三个庚日开始入伏，第四个庚日为中伏的首日。夏至也有“九九歌”。谢肇淛在《五杂俎》中记录有一首“九九歌”：

一九二九，扇子不离手。
三九二十七，冰水甜如蜜。
四九三十六，汗出如沐浴。
五九四十五，头戴秧叶舞。

补伞 《羊城风物》

此中國捨冰水之圖也凡三伏時官所門首搭一蓆棚木桶盛涼水上置冰一塊棚上掛黃布四塊寫皇恩浩蕩民間施捨寫善結良緣以為往來人止喝

舍冰水 《北京民间风俗图》

六九五十四，乘凉入佛寺。
七九六十三，床头寻被单。
八九七十二，思量盖夹被。
九九八十一，阶前鸣促织。

夏至后第三个庚日入伏，“伏”是三伏（初伏、中伏、末伏）的总称，又叫“伏天”或“伏日”，它的意思是隐伏以避盛暑。此时天气最热，人们食欲不振，民间开始注意饮食补养，官府也停止办理公事。近代人胡朴安《中华全国风俗志·仪征岁时记》云：“夏至节，人家研豌豆粉，拌蔗霜为糕。馈送亲戚，杂以桃杏花红各果品，谓食之不疰夏。”所谓“不疰夏”，就是夏天不生病的意思。而北方人则吃面条，正如民谚所云：“冬

卖扇 《太平欢乐图》

至饺子夏至面，三伏烙饼摊鸡蛋。”

防暑主要从以下几个方面着手。首先是多吃冷食、凉食以及瓜果；其次是多利用防暑工具。这里的防暑工具主要有雨伞、扇子、凉帽、凉席、竹夫人，等等；饮茶、饮菊花等消夏茶也是防暑的方法之一。《清嘉录》卷六记载：“三伏天……街坊叫卖凉粉、鲜果、瓜、藕、芥辣索粉，皆爽口之物。什物则有蕉扇、苎巾、麻布、蒲鞋、草席、竹席、竹夫人、藤枕之类，沿门担供不绝……茶坊以金银花、菊花点汤，谓之‘双花’。面肆添卖半汤大面，日未午已散市。”

卖鹅毛扇 《太平欢乐图》

除此之外，男人们喜欢在夏天游泳，妇女儿童喜欢戏水、养金鱼等活动。

夏至的雨水多雷阵雨，骤来疾去，范围较小。“夏雨隔牛背，乌鸦湿半翅”“东边日出西边雨，道是无晴却有晴”说的就是夏至这一节气的气候特点。

卖蓑衣斗笠 《太平欢乐图》

夏至时节，天气非常热，全国各地的农活也有其特点。东北地区，准备开始收割小麦，给高粱、玉米、棉花、甘薯铲趟，稻田开始拔草，棉花开始中耕培土和追肥；华北地区，主要农活是定苗拔草；西北地区，冬小麦开始收割，春小麦还要做好防虫的准备工作，否则会影响小麦收成；西南地区，水稻栽秧已经完毕，这个节气如果水稻栽不完就会出现“夏至不栽，东倒西歪”的现象，因此，必须在夏至节气争分夺秒抢栽水稻；华中地区，也要抓紧时间栽插单季晚稻，同时加强双季晚稻秧田的管理；华南地区，此时正逢早熟的早稻的收获

村田夏景 《杨柳青年画》

时节，一方面收获早稻，另一方面还得给中稻耘田追肥，继续播种晚稻。此外，华南地区种植的玉米、早黄豆也到了收获的季节，所以，全体农民都紧急出动，抢收抢种。

总之，这一节气在全国各地的农活虽然有所不同，但是相同的农活还是有的，除了锄草外，伴随着庄稼的旺盛生长，荷花盛开，各种害虫也活跃起来，防虫是各地农民的当务之急。古代捕虫主要采用简单的机械捕杀，或者实行巫术驱虫，这些方法都难以完全消灭害虫。在科学不太发达的古代，有些地方把虫灾归咎于鬼神所为，所以，过去祭祀虫王和刘猛将军的活动在全国各地比较流行。随着农药的发明和科学技术的不断提高，农村已经能够控制虫灾的发生，对虫王的信仰也渐渐淡化了。

卖笤帚 《太平欢乐图》

木芙蓉 《羊城风物》

小　暑

小暑在阴历六月八日，斗指辛为小暑，又称六月节。相当于阳历七月七日前后，太阳到黄经 105° 开始。

暑是炎热之意，小暑指气候炎热，但还没有热到极点。《二十四节气集解》载：“温热之气而为暑，小者，未至于极也。”

小暑时的气候有一定特点。一是雨水多，降雨量大，正如谚语所说：“小暑大暑，灌死老鼠。”民间为了使雨停止，往往在门上悬挂扫天婆，据说这样就可以使大雨停止。二是炎热，防暑已提上日程。三是台风、飓风肆虐，高拱乾《台湾府志》对此有过具体描写：“风大而烈者为飓，又甚者为飑……飑则常连日夜，或数日而止。……五、六、七、八月发者为飑。”

扫天婆 《民间剪纸》

在小暑的前一天，即阴历六月六日为

六月弗借扇 《清代俗语图说》

“姑姑节”。“六月六，请姑姑”，每逢农历六月初六，按农村的风俗，都要请回已出嫁的老少姑娘，合家团聚，好好招待一番再送回去。佛教与道教界还把六月初六日称为“天贶节”，“贶”是“赐赠”的意思。天贶节起源于宋真宗赵恒。据说某年的六月六日，宋真宗赵恒声称上天赐给他天书，遂定是日为天贶节，至今泰山脚下的岱庙还有一座天贶殿。

天贶节这天，我国南方一些地方的人们，在早晨全家老少会互道恭喜，吃一种用面粉掺和糖油制成的糕屑，有“六月六，吃了糕屑长了肉”之说。还有“六月六，家家晒红绿”或“六月六，家家晒龙袍”之俗。这里的“红绿”和“龙袍”指的都是五颜六色的各式衣服。其实，江南地区经过了芒种之间的黄梅天后，许多地方压在箱底的衣物或放在书架上的书籍非常容易发

莲池化生 《敦煌壁画线图集》

佛寺晒经 《点石斋画报》

霉，天晴的时候取出来晒一晒，可以避免霉烂或者防止虫蛀。汉朝的文献就有“七月七日曝经书及衣服，不蠹”的记载。魏晋南北朝沿袭了这个习俗，直到宋朝才改到六月初六。明刘侗、于奕正《帝京景物略·春场》云：“六月六日，晒鸾驾。”可见，这一风俗影响之广。

卖雨伞 《太平欢乐图》

卖凉席 《太平欢乐图》

大潮水后图 上海飞云阁

扫晴婆 《民间剪纸》

六月十三日为鲁班会，北京东岳庙及湖南湘潭市和株洲市、四川绵阳市、山东泰安市等地都建有鲁班殿，以北京东岳庙的鲁班殿最为有名。除了供奉祖师鲁班的塑像和牌位外，还供奉着鲁班的工具，如墨斗、方尺和斧子。谚语说：“七十二行，石匠为王。”“七十二行，巧不过木匠。”当天，木匠、石匠纷纷奔赴鲁班殿，举行隆重的仪式，烧香叩头，祈求祖师鲁班神灵的保护；同时相关行业进行集会，商议行规，以便扩大影响。凡是工程开工前，必须先到鲁班殿拜祭祖师鲁班，以求祖师保佑安全、顺利施工的习俗，至今在一些地方还有所保留。

小暑期间江淮流域梅雨即将结束，盛夏开始，气温升高，并进入伏

龙生日种竹 《每日古事画》

卖西瓜 《太平欢乐图》

旱期；而华北、东北地区进入多雨季节。小暑前后，南方应注意抗旱，北方须注意防涝。全国的农作物都进入了迅速生长阶段，需要加强田间管理。小暑前后，除东北与西北地区收割冬、春小麦等作物外，农业生产上主要是忙于田间管理。早稻处于灌浆后期，早熟品种大暑前就要成熟收割。中稻已拔节，进入孕穗期，应根据长势追施穗肥，促使其穗大粒多。单季晚稻正在分蘖，应及早施好分蘖肥。双晚秧苗要防治病虫，栽秧前施足“送嫁肥”。“小暑天气热，棉花整枝不停歇。”“棉花入了伏，三日两遍锄。”大部分棉区的棉花开始开花结铃，生长最为旺盛，在重施花铃肥的同时，要及时锄草、整枝、打杈、去老叶，以协调植株体内养分分配，增强通风透光，减少蕾铃脱落。盛夏高温是蚜虫、红蜘蛛等多种害虫盛发的季节，适时防治病虫也是田间管理的又

六月亮经　潍坊年画

一重要环节。

卖凉鞋 《太平欢乐图》

小暑开始，江淮流域的梅雨期先后结束，我国东部淮河、秦岭一线以北的广大地区开始进入来自太平洋的东南季风控制下的雨季，降水明显增加，且雨量比较集中；华南、西南、青藏高原也处于来自印度洋和我国南海的西南季风控制下的雨季中；而长江中下游地区则一般为副热带高压控制下的高温少雨天气，常常出现的伏旱对农业生产影响很大，及早蓄水防旱显得十分重要，故农谚有“伏天的雨锅里的米”的说法。这时出现的雷雨、热带风暴或台风带来的降水虽对水稻等作物的生长十分有利，但有时也会给棉花、大豆等旱作物及蔬菜造成不利影响。

大　暑

大暑在阴历六月二十三日前后，斗指未为大暑，相当于阳历七月二十三或二十四日，太阳到达黄经 120° 开始。

大暑——炎热到极点，为一年中最炎热的时节。《月令·七十二候集解》记载："六月中，大暑，热也，就热之中分为大小，月初为小，月中为大，今则热气犹大也。"《通纬》曰："小暑后十五日斗指未为大暑。六月中，小大暑者，就极热之中，分为大小，初后为小，望后为大也。"

从上述记录可以看出，大暑后进入伏天，炎热至极。农谚云："冷在三九，热在三伏。""小暑不算热，大暑正伏天。"当时气温是全年的最高期，日照时间长，雨水也很充沛，各种农作物生长最快，《管子》中"大暑至，万物荣华"说的就是这个意思。农谚"三伏不热，五谷不结"，从侧面反映了大暑期间，要想使农作物获得丰收，就必须有充足的热

六月纳凉 《清史图典》

量才行。

在大暑期间，由于日照强，雨水多，雷鸣时常出现，大部分地区的旱、涝、风灾也最为频繁，抢收抢种、抗旱排涝、预防台风和田间管理等任务都很重要。在民间也有许多民俗风情，民间发现雨下个不停，为了躲避洪灾的到来，农村妇女往往剪一个手持扫帚的纸人，佯做扫天状，此人就是民俗中常说的扫天婆或扫晴婆，认为把她挂在房檐下，大雨就会停上。这种剪纸巫术活动在黄河流域相当流行。在东北地区，人们为了止雨，往

乾隆松荫下消夏图 《清史图典》

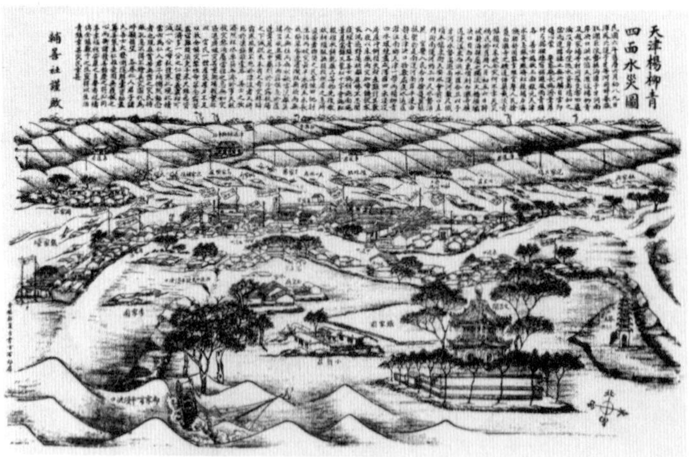

天津杨柳青四面水灾图 《杨柳青年画》

卖凉粉 《三百六十行》

斗茶图 《中国古代服饰研究》

此中國賣凉粉之圖也其肩挑前一木盤上列碗筷子醋瓶作料小盆等項後有一木筒内盛凉粉此粉係元粉掏成方塊用銅皃旋成細条以油醋澆之而食也

卖凉粉 《北京民间生活彩图》

往把切菜刀丢于院内，据说下雨是“秃尾巴老李”作的孽，一旦用菜刀砍去，秃尾巴老李就收敛了，这样就会雨止天晴，躲过洪水。

“稻在田里热了笑，人在屋里热了跳。”大暑期间的高温对农作物生长十分有利，但对人们的工作、生产、学习、生活却有着明显的不良影响。一般来说，在高于35℃的炎热日子里，中暑的人明显增多；而在最高气温达37℃以上的酷热日子里，中暑的人数会急剧增加。特别是在副热带高压控制下的长江中下游地区，骄阳似火，风小湿度大，更叫人感到闷热难耐。由于天气炎热，防暑是这一时期的生活大事。古时候，人们一般要准备凉席，购买夏天穿着比较凉爽的衣服。同时准备好扇子，扇风防暑。在饮食上，北方人喜欢吃凉水捞饭，各种绿豆糕、绿豆羹也是这一时期的应时消暑食品。街上多有出售冰核者；湖南等南方一些地方，每伏的头一天，讲究吃“伏狗”“伏鸡”，即把子狗（小雄狗）和子鸡（小雄鸡）宰后洗净，伴以姜、蒜、桂皮等烹炒后食用，这样既可以去热解毒，又能够补充身体所需的养分，名曰“伏补”。南方街上多卖茯苓糕、茶叶等，其目的也是清热消暑。

戏水 《中国古典文学版画集》

卖茶汤 《北京民间生活彩图》

在夏季消暑食品中，值得一提的是“凉粉”。它是用薜荔的果实制作而成的。具体方法是，把薜荔硬壳中带黏性的种子取出来，放在事先准备好的布袋里，然后浸入冷水中，不断用手揉搓，这样种子中所含的胶质物渗出布袋后，经过半个多小时就会凝成半透明的“凉粉”了。它的颜色淡黄，呈半固体、半透明状，加入糖水和果汁，喝起来清凉可口。清代吴其濬的《植物名实图考》记载的“木莲即薜荔，自江而南皆曰：‘木馒头’，俗以其种子浸汁为凉粉以解暑”说的就是它。

当时的游戏娱乐活动主要是玩水戏和游泳，另外人们也玩捉蟋蟀、斗蟋蟀的游戏。与大暑靠近的节日也不少，六月二十三日为火神诞。在人类进化的过程中火起着重要的作用，先民以火驱逐野兽，以刀耕火种发展农业生产，用火来烹饪食物改善生活，同时用火来驱寒取暖。火神又称火神爷，相传是祝融和回禄。在火神诞生这一天，官方和民间都要举行隆重的祭拜活动，场面热闹异常。人们抬着火神爷的神像，在鼓乐声中游行。在火神庙或火宫殿供奉鲜花、水果，把金箔寿纸供奉在火神像前。同时，把供桌上放的水桶里的清水分送给祭拜者，让他们拿回家洒在屋子的角

木棉纺车 《农书》

织布 《羊城风物》

落，据说这样可以防止火灾的肆虐。

六月二十四日为火把节，这是西南一些民族的节日。届时，人们举着火把到田间、地头游行，目的是驱虫防虫、夺取丰收。古代农业生产水平比较低下，六月间百虫滋生，尤其是蝗虫对农业生产构成了极大的威胁。人们采取火烧、网捕、用土掩埋等办法积极捕捉蝗虫，同时也要祭祀虫王、青苗神、刘猛将军、蝗喃太尉等，这些都是民间供奉的虫王神。

六月二十五为荷花节，荷花节又称 “观莲节”。相传这一天是荷花诞生的日子。荷花节在南方最盛。

木棉轩床《农书》

玩荷灯 《北京民间生活彩图》

卖冰核儿 张毓峰摹绘

清代吴越一带，每到荷花节，男女倾城出动，“每逢此日，划船箫鼓，纷纷集合于苏州葑门外二里许的荷花荡，给荷花上寿”。“观莲节”其实也给青年男女提供了一次亲密接触的机会，他们荡着船儿，穿行于荷花之间，互相表露心中的爱慕之情，清人徐明斋的《竹枝词》“荷花风前暑气收，荷花荡口碧波流。荷花今日是生日，郎与妾船开并头”道出了这个美好的情景。

六月三十日白族过耍海节，人们穿着盛装，围绕着洱海举行盛大的联欢活动。

在农业生产上，大暑也是很重要的一个节气。在华中地区，“禾到大暑日夜黄”，春播的水稻和春玉米先后成熟，这是一年中最紧张、最辛苦的收获季节。俗话说“早稻抢日，晚稻抢时”“大暑不割禾，一天少一箩”。适时收割早稻，不仅可减少后期风雨造成的危害，确保丰产

采棉 《耕织图》

丰收，而且可使双晚适时栽插，争取足够的生长期。要根据天气的变化，灵活安排，晴天多割，阴天多栽，在7月底以前栽完双晚，最迟不能过立秋。“大暑天，三天不下干一砖”，酷暑盛夏，水分蒸发特别快，尤其是长江中下游地区正值伏旱期，旺盛生长的作物对水分的要求更为迫切，真是“小暑雨如银，大暑雨如金”。棉花花铃期叶面积达一生中最大值，是需水的高峰期，如果田间土壤湿度过小，就得灌溉，否则会导致棉花落花落铃。大豆开花结荚也正是需水临界期，对缺水的反应十分敏感。农谚“大豆开花，沟里摸虾”说的是，到大豆开花的时候，田里的土沟里蓄积的水里都可以摸到虾，由此可见水对这一时节的大豆的重要性。黄淮平原的夏玉米一般已拔节孕穗，是产量形成最关键的时期，需要根据水分多少的情况及早灌溉，严防“卡脖旱”。

在西北地区，人们深耕准备种植冬小麦的土地，给地里施基肥，浇灌伏水。开始给种植的玉米地里施肥，一些种植糜子的地方开始进行中耕、除草、灌水、施肥等农活。

总之，这一节气里，全国大江南北都行动起来，或者收割，或者施肥，或者防虫，开始紧张而有序的农事活动。

秋季的节气

立　秋

立秋是在阴历七月十一日前后，斗指西南为立秋，相当于阳历八月八日前后，从太阳到达黄经135°开始。立秋就是暑去凉来，秋天开始的意思。此后气温逐渐下降。《月令·七十二候集解》载："七月节，立字解见（立）春，秋，揪也，物于此而揪敛也。"《二十四节气》载："秋，就也，万物成就也。"《逸周书》载："立秋之日秋风至。"以上古籍说明了两个方面的问题：一是立秋后，天气凉了，但还不是很冷，气候比较宜人，正如谚语所云"立秋之日凉风至""早上立了秋，晚上凉飕飕"；另一方面，立秋的时候，也是农作物快要成熟的时候。这在生产、生活上都有明显的表现。

首先是秋忙开始了。因为"立秋十日遍地黄"。大秋作物基本都成熟了，要人们去收割，而秋收同防盗一样，决不能误农时。届时，割的割，

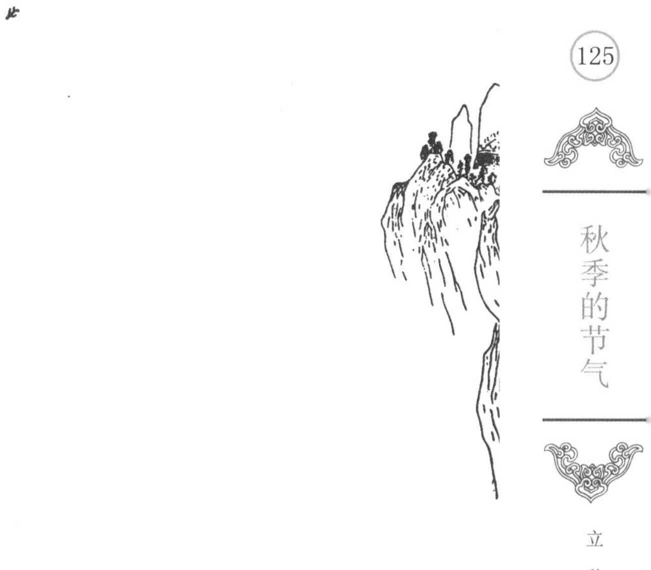

雁南飞 《唐诗图谱》

运的运，打的打，到处都是喜人的丰收景象。因此宋代大诗人陆游说：“四时俱可喜，最好新秋时。”具体来讲，各地又有所不同。立秋前后，华北地区，春玉米、春谷子等大秋作物先后成熟，“立秋十天动镰刀”，一立秋，各地的农民们都做好了收割秋季作物的准备；同时，棉田管理也很重要，“立了秋，把头揪”，指的就是打叉的情况。立秋后，得抓紧时间给棉花打尖，这样才能控制棉田疯长，加速裂铃吐絮。这一节气的气候适宜病虫的迅速繁殖和生长，适时做好防治病虫害的工作也很重要。西南地区，得加强大秋作物的田间管理，促使其早熟，避免其受到低温霜冻的危害，使之产量减少。华中地区，立秋前后主要工作是防治水稻螟虫。双季晚稻利用高温时期追肥中耕，加强田间管理。棉花开始打老叶，抹去多余的芽，防止棉花出现旱情或涝灾。同时，利用空闲时间，收割青草和野生饲料并晒干储藏。华南地区，中稻已经开始抽穗，所以要及时追施穗肥，晚玉米开始进行中耕、培土和追肥。

在生活上也有明显的变化。谚语曰：“立了秋，把扇丢。”由于天变凉快了，夏天不离手的扇子也慢慢放在一边了；由于气温变低，晚上也可以睡个好觉了。但是气温变化异常，温差大，容易生病，所以民间都喜

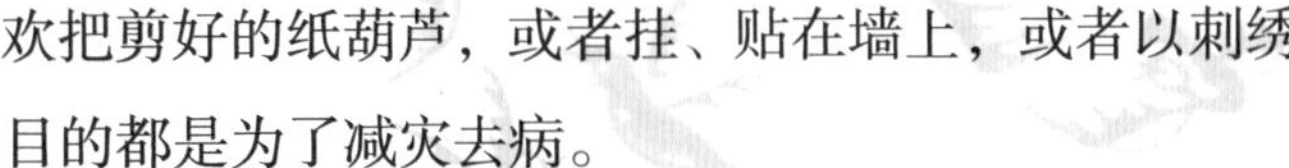

欢把剪好的纸葫芦，或者挂、贴在墙上，或者以刺绣方式装饰在衣帽上，目的都是为了减灾去病。

在古代，立秋也是一个非常重要的节气，和迎春、迎夏一样，也有一系列活动。《礼记·月令》载：“先立秋三日，太史谒之天子，曰：‘某日立秋，盛德在金。’天子乃斋。立秋之日，天子亲帅三公、九卿、诸侯、大夫，以迎秋于西郊。还反，赏军帅、武人于朝。天子乃命将帅，选士厉兵。”意思是说立秋的前三天，太史谒告天子某日为立秋日，于是天子先沐浴斋戒，到了立秋这天，天子亲自率领九卿诸侯大夫，到西郊迎秋。天子回朝后要犒劳军士，因为秋季也是选士练兵的季节。

在民间，老百姓在立秋日有许多风俗。东汉崔寔在《四民月令》里说：“朝立秋，冷飕飕；夜立秋，热到头。”说的就是古人在立秋之日以此占卜天气的凉热。

古人认为，立秋这天下雨是好事，是丰收的好兆头。古时私塾一般

天河沐浴 《杨家埠年画》

七月七 《杨家埠年画》

也都选在立秋这天开学，一般私塾门首大书“秋爽来学”四字，指的就是这个意思。据传唐宋之时，百姓在立秋这天用秋水服食小赤豆。相传只要取七至十四粒小赤豆，以井水吞服，服时面朝西，就可以一秋不犯痢疾。关于立秋的活动，《东京梦华录·立秋》记载：“立秋日，满街卖楸叶，妇女儿童辈，皆剪成花样戴之。是月，瓜果梨枣方盛，京师枣有数品：灵枣、牙枣、青州枣、亳州枣。鸡头上市，则梁门里李和家最盛。”这里说的“鸡头”不是平常能吃的鸡头，而是指鸡冠花，它是立秋前后的花卉，所以成为七夕节供奉祭拜的用品。

七夕节一般是立秋前后的节日。七夕节是中国传统的情人节。相传七夕这天，是牛郎织女一年一次相会的时间。古人在七夕这天，都要祭拜月亮，讲述牛郎织女的凄婉故事。另外，还有乞巧等习俗。

七夕乞巧的习俗起源于汉代，东晋葛洪的《西京杂记》有“汉彩女常以七月七日穿七孔针于开襟楼，人俱习之”的记载。后来的唐宋诗词中，乞巧也被屡屡提及，唐代王建有诗云：“阑珊星斗缀珠光，七夕宫娥乞巧忙。”据《开元天宝遗事》载，唐太宗与妃子每逢七夕在清宫夜宴，

宫女们各自乞巧，这一习俗在民间也经久不衰，代代延续，甘肃西河县民间过七夕节达七天之久。

宋元之际，七夕乞巧相当隆重，京城中还设有专卖乞巧物品的市场，世人称为乞巧市。宋罗烨、金盈之《醉翁谈录》说："七夕，潘楼前买卖乞巧物。自七月一日，车马嗔咽，至七夕前三日，车马不通行，相次壅遏，不复得出，至夜方散。"从乞巧市购买乞巧物的盛况，就可以推知当年七夕乞巧时的热闹景象。

随着七夕节乞巧活动的发展，娱乐性活动也相伴其中，出现了热闹非凡的乞巧庙会。《东京梦华录》卷八载："七夕前三五日，车马盈市，罗绮满街，旋折未开荷花，都人善假做双头莲，取玩一时，提携而归，路人往往嗟爱。又小儿须买新荷叶执之，盖效颦磨喝乐。儿童辈特地新妆，竞夸鲜丽。至初六日、七日晚，贵家多结彩楼于庭，谓之'乞巧楼'。铺陈磨喝乐、花瓜、酒炙、笔砚、针线，或儿童裁诗，女郎呈巧，焚香列拜，谓之'乞巧'。"

天然巧合 《吴友如画宝》

牛郎搬家《杨家埠年画》

天河配 《杨家埠年画》

乞巧图 《清史图典》

孟兰幽赏图 《清史图典》

七夕之夜，妇女们成群结队，摆置香案，供奉瓜果，祭祀牛郎织女。夜晚则听“天语”。除了乞巧外，还流行“斗巧”。据说有个手巧的宫女，把自己用生菱角雕刻成的各种奇花异卉进献给皇帝，皇帝非常高兴，晚上把这些小玩意随手放在桌上，让宫女们摸黑寻找，这种游戏就叫“斗巧”。不久便在民间流传开来。

在江南，节日中还要搭彩楼，妇女互送彩线。这种活动，明显地反映了广大妇女对自己的生活怀有一种纯朴的美好追求。

在浙江农村，传说七夕节时的露水是牛郎织女相会时流的眼泪，如果抹在眼上和手上，可使人眼明手巧，所以流行用脸盆接露水的习俗。有些地区则认为七夕节下的雨水为织女的眼泪。广东雷州半岛姑娘们喜欢在中秋节时玩浮针，当夜在月光下置一桌，放若干碗水，待月光来临，各人往水面上横放一针，观察针下的影子，针头、尾、中间分别代表少年、中年和老年，依影子的粗细判断人的一生美满与否。

七夕节期间，士人多拜魁星①。魁星即二十八星宿的奎宿，也是北斗七星中的第一颗星，因为“奎”与“魁”相谐，中举称为“中魁”，古人认为魁星主仕途。有时也拜“五文昌”，包括魁星、文昌、朱衣神君、吕洞宾、关公。从前，读书人相信魁星与金榜题名有密切的关系，所以称中了状元为“一魁天下士”或“一举夺魁”。

在福建泉州、台湾及华南沿海某些地区，在七夕有拜七娘妈的习俗。传说七娘妈的诞辰是七月初七，所以七夕又叫七娘妈生。众所周知的织女，在这些地区被尊为“七星娘娘”。传说她和其他六位姊妹（即七仙女）会保佑人间未满十六岁的小孩顺利长大成人，所以被人们称为儿童的守护神，民间对护佑孩童的七仙女多以“七娘妈”尊称。每年农历七月初七“七

①拜魁星和拜织女一样，都是在月光下进行的。祭拜时常玩一种“取功名”的游戏助兴。用桂圆、榛子、花生三种干果，分别代表状元、榜眼、探花三甲。其中一个人手拿三种干果各一颗，往桌上投，随它自己滚动，看哪一种干果滚到某人面前停下来，那么那个人就代表哪一种鼎甲，一直到大家都有功名为止。

乞巧图　姚文翰绘

放莲花灯 《点石斋画报》

娘妈生”时，在这一天的黄昏，家中有小孩的，都要在门口祭拜七娘妈，祈求子女平安长大。首先烧香请下神案上的香炉，再准备供品，供品有用糯米搓成类似汤圆的软糕、鸡酒油饭、牲礼、水果。花一般是圆仔花、鸡冠花或茉莉花、凤仙花等。一方面，这些花多子；另一方面这些花味浓香，取其子多香火浓之意。准备清水一盆，新毛巾一条，供七娘妈洗手洗脸之用。另备凸粉、胭脂（化妆品）、红砂线，等等，主要用来给“七娘妈”化妆。另外还要准备好金纸，寿金、刈金，烛等。祭祀的仪式和一般祭祀相同，黄昏时在门前或庭院中祭拜。祭祀结束后，把部分花、粉、红纱线抛上屋顶给“七娘妈”化妆使用，一部分留给自己用，相传使用这些祭品可以变得像“七娘妈”一样美丽手巧。

另外，做十六岁也与“七娘妈”有关。相传妇女结婚后，要求“注生娘娘”保佑早生贵子；怀孕后，求“临水夫人”保佑分娩平安；婴儿

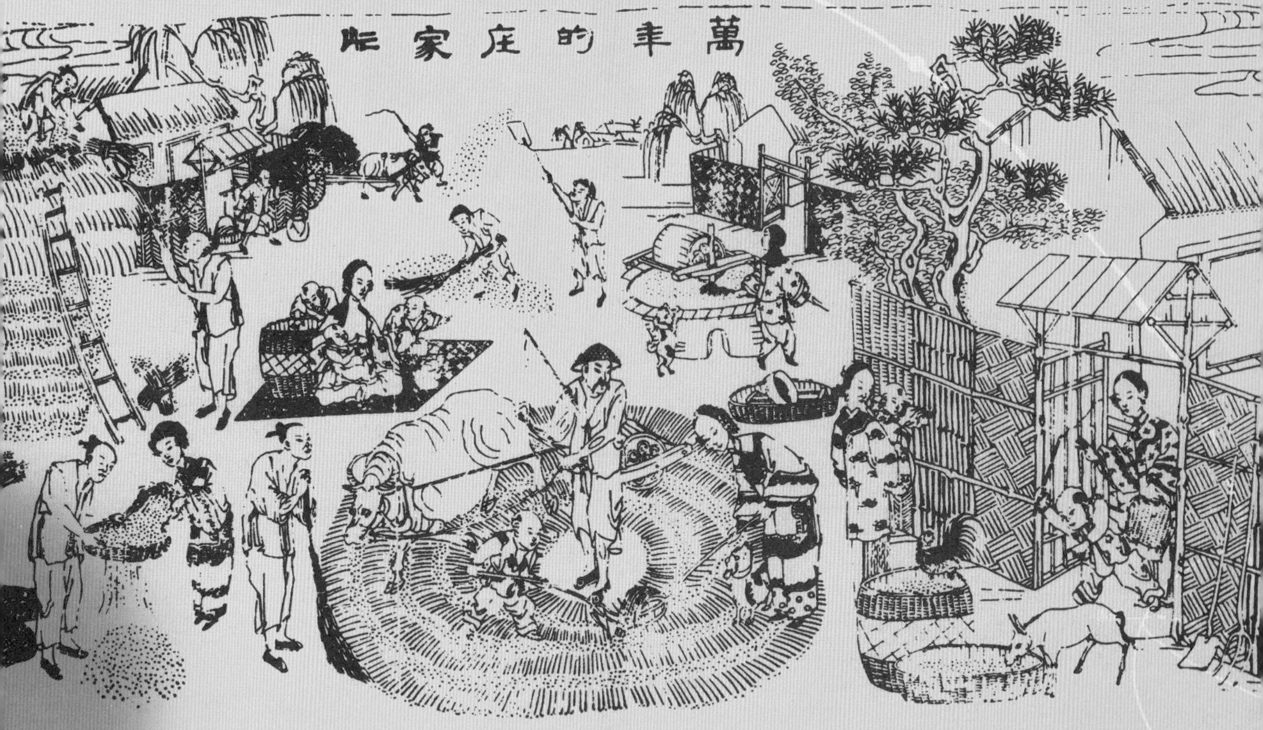

万年的庄稼忙 《杨柳青年画》

诞生以后至十六岁，则由“七娘妈”庇护。“七娘妈”是儿童的保护神，所以小孩满十六岁时，要在当年七月初七“七娘妈生”这一天，举行成年礼，俗称“做十六岁”。

一般幼儿出生满周岁后，父母为了让子女平安长大，常有到七娘妈庙让子女拜“七娘妈”为契子（义子）、契女（义女）的拜祭仪式，在仪式中行“加豢”（即加钱），“加豢”是以古钱、银造的锁牌或以黄纸画符折成八卦形装入红布袋，系上红线，挂在颈上，所以又叫“挂豢”。大家相信“加豢”后，就可保护幼儿平安。而后每年七夕，都要到庙中祭祀，将“豢”在香炉上旋绕，希望获得灵力，直到满十六岁时，在当年七月初七携带祭品到庙里祭拜，以答谢“七娘妈”多年来照顾的恩情。依例须先烧香拜“七娘妈”，行三跪九叩礼。祭祀结束，做十六岁的成年人须钻过供桌，钻过父母亲所拿的“七娘妈亭”；钻时不可向后看，要向

天河配 《杨柳青年画》

天河配

秋猎 《点石斋画报》

前看，表示前途在前方，应勇往直前，不要回顾。钻过“七娘妈亭”时，男的往左绕三圈，女的往右绕三圈，民间称为“出鸟母间”“出婆姐间”，前者与“七娘妈”化身为鸟庇佑儿女的传说有关，后者则与临水夫人的二十六婆姐照顾幼儿的传说有关。然后拜谢神明，焚烧“七娘妈亭”，供献金纸、经衣，将挂在颈上的“絭”取下，“脱絭”后，表示完成“成人礼”，已经长大成人了。

立秋时要祭天，以便感激天神给人们带来农业丰收，同时民间还要过秋社。

另外，立秋节气期间，民族地区也有不少活动，如农历七月一日藏族过雪顿节、初二纳西族过五谷节、初三藏族过沐浴节、初七为七夕节、初八纳西族过骡马大会、十三日西南不少民族过吃新节，七月十五则为中元节，一般祭祀祖先、放河灯送鬼。

处　暑

处暑在阴历七月二十六日，斗指戊为处暑。处是终止的意思，表示炎热即将过去，暑气将于这一天结束，我国大部分地区气温逐渐下降。相当于阳历八月二十三日前后，太阳到达黄经150°开始。《月令·七十二候集解》载："七月中，处，止也，暑气至此而止矣。"《群芳谱》载："阴气渐长，暑将伏而潜处也。"《二十四节气》载："处，止也，谓暑气将于此时止也。"明人郎瑛《七修类稿》也说："处，止也，暑气至此而止矣。"其间正值祭天，有不少祭

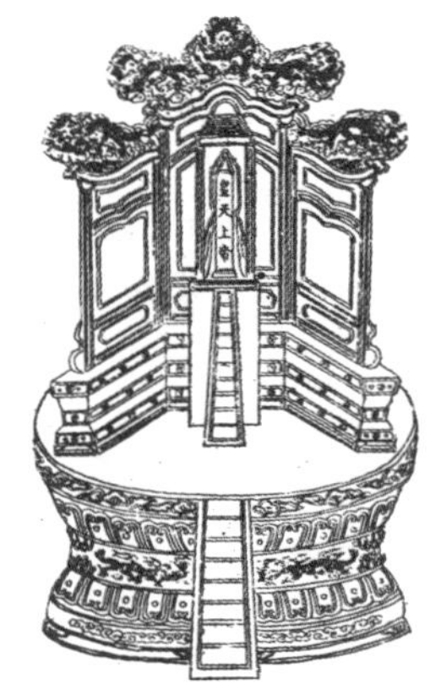

祭天　《蒙养图说》

喜迎秋庭图　《中国古典文学版画集》

收割 《耕织图》

祀活动。

这些记载说明，到了处暑，暑气渐渐藏起来，天气开始凉快了，三伏已完结或接近尾声，故有“暑去寒来”之谚。但在高寒山区则属例外，因为当地“六月暑天犹着棉，终年多半是寒天”。处暑前后，虽然已经入秋，但有时还很热，“秋老虎，毒如虎”指的就是立秋到处暑这段时间。夏天天气炎热，人们要天天洗澡，立秋后也是如此。顾铁卿《清嘉录》载：“土俗以处暑后，天气犹暄，约再历十八日而始凉。谚云‘处暑十八盆’，谓

剪葫芦去灾 《熏画艺术》

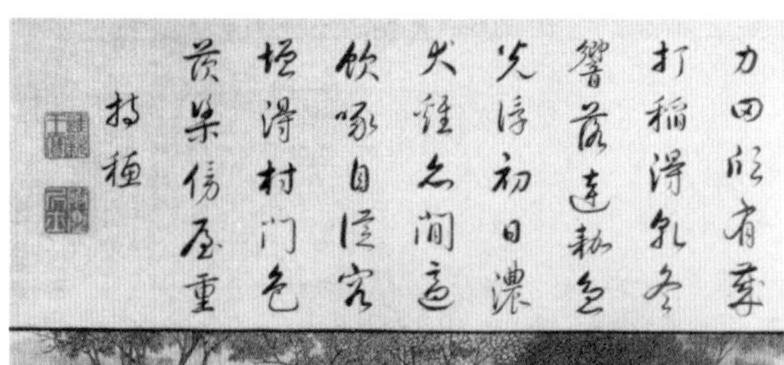

打场图 《耕织图》

沐浴十八日也。”

到了这个节气，大秋作物成熟了，也就是处暑第三候所说的：“禾乃登”。这里的“禾”是黍、稷、稻及粱类的总称，“登”是成熟之意。东北地区开始收割糜子、谷子和早玉米；华北地区“处暑见新花”“谷到处暑黄”，谷子、春玉米、高粱等作物先后成熟，各地都开镰了，有的地方已打场、入仓，棉花也开始进行采收，同时晚秋作物的管理也不可放松，“庄稼不收，管理不休”说的就是这个意思；西北地区，开始冬小麦的选种拌种工作，为播种做好前期的准备；西南地区，要充分利用晴朗的天气进行田间管理，防止水稻出现病虫害，一旦出现就得及时喷洒农药，同时，要继续抢种秋季马铃薯，避免秋季低温的危害；华中地区，得抓紧整地，准备秋种。夏季甘薯开始结薯，得加强水肥管理，如果甘薯受旱对产量影响十分严重。从这点上说“处暑雨如金”一点也不夸张。此时，棉花正结铃吐絮，需要继续剪空枝、打老叶、抹赘芽。这时气温一般仍较高，

场神　民间纸马

阴雨连绵，日照时间短会导致棉花大量烂铃。在改善通风透光条件的同时，适时喷洒波尔多液也有较好地防止或减轻烂铃的效果。沿江棉区早棉开始采收。同时，还要利用空闲时间，抓紧家畜秋季配种工作。

处暑以后，除华南和西南地区外，我国大部分地区雨季即将结束，降水逐渐减少。尤其是华北、东北和西北地区必须抓紧时间蓄水、保墒，以防止秋种期间出现干旱而延误冬季作物的播种期，影响来年的收成。

处暑前后，全国各地都有不少节庆活动，如阴历七月十五为鬼节。鬼节又叫中元节，有的地方也称之为七月半。传说七月十五日是地官大帝的生日，每到这一天，都要打开阴间或地狱的大门，这样祖先、鬼魂四出，民谚说“七月半，鬼乱窜”说的就是这个意思。于是，这天有祭祖的习俗。祭祖有两种方式：一种是家祭，在家中或祠堂内祭祀；另外一种是墓祭，

卖藕《中国表记与符号》

打稻图 《敦煌壁画线图集》

即到墓地去祭祀祖先。如果野鬼孤魂没有人祭祀，公众就要请佛道法师“普渡”。《泉州岁时记·中元》载：“各家各户皆备办菜肴祭祀祖先……据传那些无‘家’可归的孤魂散鬼，可获赦罪，来到人间享受‘普度’祭祀。”清代王凯泰《中元节有感》载：“道场普渡妥幽魂，原有盂兰古意存。却怪红笺贴门首，肉山酒海庆中元。”这些文献资料描写了福建一带过中元节的情景。

另外，七月十五也是盂兰盆会。“盂兰盆会”是梵语音

击稻图 《天工开物》

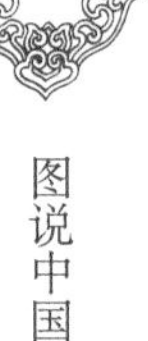

卖菱芡、莲藕 《太平欢乐图》

译，其原意是“救倒悬”，来源于“目连救母”。目连的母亲生前憎恨僧人，死后被打入地狱饿鬼道倒悬，身为释迦牟尼十大弟子的目连，不忍看到母亲忍受饥饿之苦，于是求救于佛祖，佛祖告诉他在七月十五日以盆盛百味五果，供养十方大僧，这样他母亲就可以“得脱一切饿鬼之苦”。于是形成盂兰盆会。

七月十五晚上有放河灯的习俗。放河灯是从寺院兴起的，后来传入民间，以清代最为壮观。《京都风俗志》载：“七月十五日为中元节，俗传地官赦罪之辰，人家上坟奠生人，如清明仪；僧家建盂兰盆会，诵经斋醮，焚化纸船，谓之‘法船’，认为度出

采荷花 《太平欢乐图》

冥孤独之魂。市中卖各种花灯，皆以纸作莲瓣攒成，总谓之莲花灯，亦有卖带梗荷叶者，谓之荷叶灯。晚间，小儿三五成群，各举莲花荷叶之灯，绕巷高声云：‘莲花灯，莲花灯，今天点了明天扔。’或以短香遍粘蒿上，或以大茄满插短香，谓之篙子灯、茄子灯名目。此燃香之灯，于暗处如万点萤光，千里鬼火，亦可观之。”

《燕京岁时记·放河灯》也有记载：“运河二闸，自端阳以后游人甚多。至中元日例有盂兰会，扮演秧歌、狮子诸杂技。晚间沿河燃灯，谓之放河灯。中元以后，则游船歇业矣。”放河灯的目的，主要是安慰孤魂野鬼，不让他们出来扰乱活人的生活。

中元节在少数民族地区也很流行，如满族、壮族、毛南族、黎族、畲族、土家族都有遗留，赫哲族称之为“七月十五”。

另外，七月二十五日纳西族过朝山节，实际是祭祀山神和祭天，喜庆丰年；七月二十七日蒙古族过那达慕大会，这是牧民庆丰收的集会。

纳西族祭天 《纳西族舞谱》

白　露

白露在阴历八月十二日，斗指癸为白露。此时因夜间较凉，近地面水气在草木等物体上凝结为白色露珠。有天气开始转凉的意思，相当于阳历九月七号或八号，太阳到达黄经165° 开始。《礼记》载："斗指癸为白露，阴气渐重，凌而为露，故名白露。"《月令》载："盲风至，鸿雁来，玄鸟归，群鸟养羞。"《二十四节气集解》载："水土湿气凝而为露，秋属金，金色白，白者露之色，而气始寒也。"

谚语"过了白露节，夜寒日里热"是说白露时白天夜里的温差很大。民间习俗认为，白露节下雨是个不好的征兆，因此有农谚："白露前是雨，白露后是鬼。"

露水是白露的一大特征，露水的出现标志着天气转凉。"三伏适已过，骄阳化为霖。""白露秋风过夜，一夜冷一夜。"说的就是这个意思。

白露时节的气候与秋季生产有一定的联系，各地说法不尽相同，试举几例如下：

白露日晴，稻有收成。

白露天气晴，谷米白如银。

烂了白露，天天走溜路。

白露难得十日晴。

棉怕白露连阴雨。

白露下了雨，农夫无干谷。

白露时节，早晚温差较大，所以一定要注意穿衣。“白露节气勿露身”意在提醒人们此时白天虽然温和，但早晚气候已凉，如果打赤膊就容易着凉。在饮食上也得多多注意。《难经》记载：“人赖饮食以生，五谷之味熏肤（滋养皮肤），充身，泽毛。”意指在这一节气要预防秋燥，因为燥邪伤人，容易耗人津液，使人出现口干、唇干、鼻干、咽干及大便干结、皮肤干裂等症状。要预防秋燥，可适当食用一些富含维生素的食品，也可选用一些宣肺化痰、滋阴益气的中药，如人参、沙参等，对缓解秋燥有良效，但是不宜服用过多。

白露时节，正是全国各地大忙时节。东北地区，开始收获谷子、高粱和大豆，一些地方开始采摘新棉；同时，要给棉花、玉米、高粱、谷子、大豆等选种留种，及时腾茬、整地、送肥，抢种小麦。华北地区，此时也是秋收大忙季节，各种大秋作物已经成熟，开始进行收获；秋收的同时，还得抓紧送粪、翻耕、平整土地等，及早做好种麦的准备工作。西北地区开始播种冬小麦。西南地区到了白露时节，到处呈现忙碌的景象，因为“白露白茫茫，谷子满田黄”，水稻和谷子得抓紧时间收割。晚秋作物如玉米、甘薯等得加强田间管理，促使其早熟，避免低温霜冻造成危害。华中地区，抓紧时间收割迟、中水稻，夏玉米也开始收获了，棉花也分批采摘，晚玉米得加强水的管理。除此之外，得抓紧时间平整土地，

为种麦做好准备。

白露节气里，也有许多民俗。秋社就是其中之一。秋社和“春社”都是古代祭祀土地神的“社日”。秋社一般在立秋后的第五个戊日举行，大约在立秋后四十余日，一般在白露、秋分前后，是一种欢庆丰收、祭祀神灵的喜庆活动。宋时有食糕、饮酒、妇女归宁之俗。唐韩偓《不见》诗云：“此身愿作君家燕，秋社归时也不归。”《东京梦华录·立秋》也有所记载：“八月秋社，各以社糕、社酒相赍送贵戚。宫院以猪羊肉、腰子、奶房、肚肺、鸭饼、瓜姜之属，切作棋子片样，滋味调和，铺于板上，谓之‘社饭’，请客供养。人家妇女皆归外家，晚归，即外公姨舅皆以新葫芦儿、枣儿为遗，俗云宜良外甥。市学先生预敛诸生钱作社会，以致雇倩、祇应、白席、歌唱之人。归时各携花篮、果实、食物、社糕而散。春社、重午、重九，亦是如此。”宋吴自牧《梦粱录·八月》载：“秋社日，朝廷及州县差官祭社稷于坛，盖春祈而秋报也。”清代《清嘉录·七月·斋田头》载：“中元，农家祀田神，各具粉糕、鸡黍、瓜蔬之属，于田间十字路口再拜而祝，谓之斋田头。案：韩昌黎诗：‘共向田头乐社神。’又云：

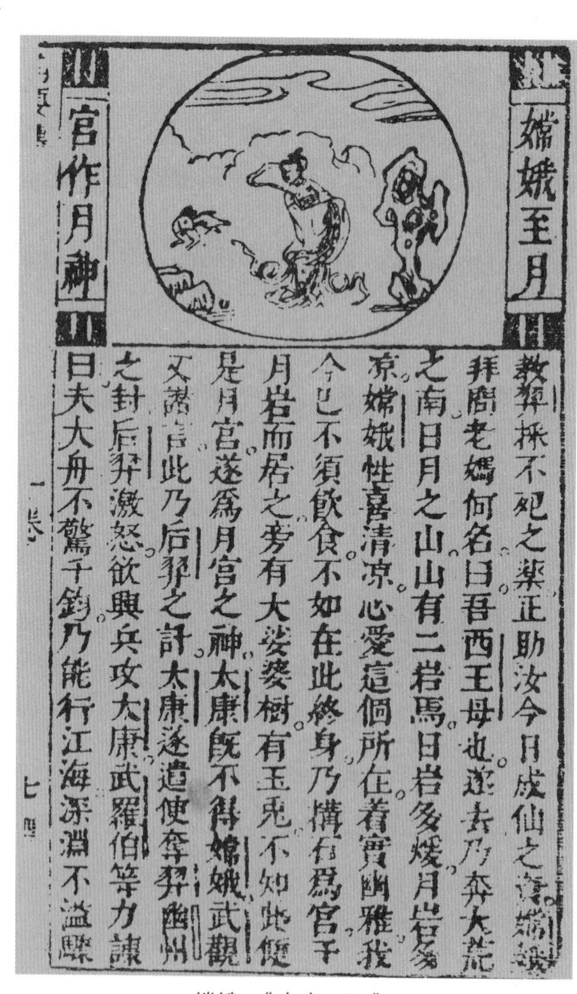

嫦娥至月

宫作月神

教羿採不死之藥正助汝今日成仙之道嫦娥拜問老媼何名曰吾西王母也遂去乃奔大荒之南日月之山山有二岩焉日岩多煖月岩多凉嫦娥性喜清凉心愛這個所在着實幽雅我今也不須飲食不如在此終身乃搆石爲宫于月岩而居之旁有大娑婆樹有玉兎不知此便是月宮遂爲月宮之神太康既不得嫦娥武觀又譖言此乃后羿之計太康遂遣使奪羿幽州之封后羿激怒欲興兵攻太康武羅伯等力諫曰夫大舟不驚于鈎乃能行江海深淵不溢縣

嫦娥 《古事日记》

祀兔成风 《吴友如画宝》

愿为同社人，鸡豚宴春秋。’则是今之七月十五日之祀，犹古之秋杜耳。”由此可见秋社在古代的重要性。

白露过后三天，就是中秋节了，所以赏月、玩兔爷、吃月饼也是白露节气里的重要活动。八月十三日为尝新节，与中秋节有同样的目的。

中秋节，又名月节、月夕、端正月、八月半、仲秋节、团圆节。最早源于古代帝王秋天祭月的礼制，后来逐渐演变成赏月、团圆的风俗。《唐诗画谱》中有一幅《十五夜望月》，就描绘了唐代文人祭月和赏月的生动形象。当时许多诗人都歌颂明月，如李白在《把酒问月》中云：“青天明月来几时？我今停杯一问之。人攀明月不可得，月行却与人相随。”在古典小说中流传有“唐王游月宫”的故事。事实上，近代北京街头一摆上兔爷和各种瓜菜，就拉开了中秋节的序幕。《西湖游览志余》中写道：“八月十五谓之中秋，民间以月饼相遗，取团圆之意。”因此，人们又把中秋节叫“团圆节”。

八月赏月 《清史图典》

玩月 《月曼清游图册》

祭月 《中国表记与符号》

民间视月为神，称月神、月姑、月宫娘娘、太阴月光神，或称月神为嫦娥，与此相关联的有一系列祭月活动。祭月在上古作为季节祭祀仪式被列入皇家祀典。《燕京岁时记》云："京师谓神像为神马儿，不敢斥言神也。月光马者，以纸为之，上绘太阴星君，如菩萨像，下绘月宫，及捣药之玉兔，人立而执杵。藻彩精致，金碧辉煌，市肆间多卖之者。长七八尺，短者二三尺，顶有二旌，作红绿色，或黄色，向月而供之。焚香行礼，祭毕，与千张、元宝等一并焚之。"

《新编醉翁谈录》记述了拜月之俗："倾城人家子女不以贫富能自行至十二三，皆以成人之服饰之，登楼或中庭焚香拜月，各有所朝。男则愿早步蟾宫，高举仙桂……女则愿貌似嫦娥，圆如皓月。"每人心中都怀着一份美好的愿望。

拜月的方式很多，或者向月跪拜，或供月光神马，还有以木雕月姑为偶像者，但都把神像供在或挂在月出的方向，设供案摆供品。当月亮升起后，烧头香，妇女先拜，儿童次拜。谚语云："男不拜月，女不祭灶。"从这种意义上说，中秋节又是妇女的节日，是她们祭祀月姑的盛会。老年妇女在拜月时，还念道："八月十五月正圆，西瓜月饼敬老天，敬得老天心喜欢，一年四季保平安。"

愿月常圆 《吴友如画宝》

王建中秋诗画 《唐诗图谱》

拜月后，烧月光神马，撤供，祭拜者可分食供品。一般由当家主妇切开团圆月饼，切的人预先算好全家人数，出门在外的也要算，不能切多，也不能切少。当天晚上老人还给儿童们讲有关月亮的故事，如嫦娥奔月、玉兔捣药、吴刚砍桂树、唐王游月宫等。这些传说在民间剪纸中均有反映。月神属女性，《列仙全传》上的“太阴女”就是月神形象。她主宰人间婚姻，民间称媒人为

敬月图 《杨柳青年画》

菓仙敬月圖

“月下老人”，即来源于月神信仰。

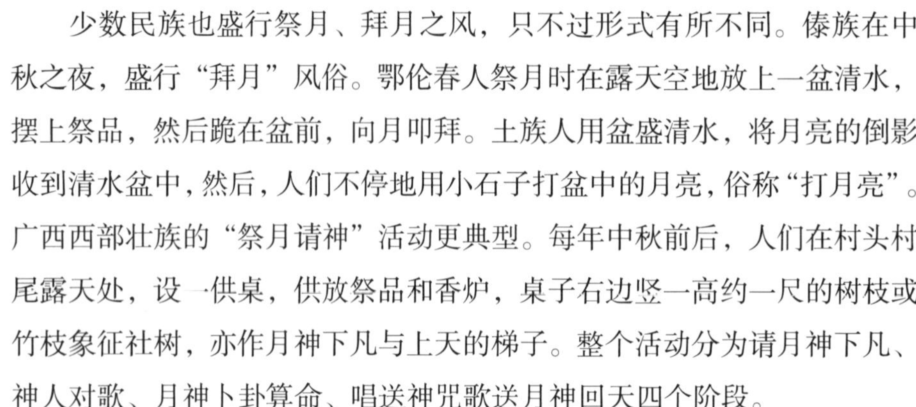

少数民族也盛行祭月、拜月之风，只不过形式有所不同。傣族在中秋之夜，盛行“拜月”风俗。鄂伦春人祭月时在露天空地放上一盆清水，摆上祭品，然后跪在盆前，向月叩拜。土族人用盆盛清水，将月亮的倒影收到清水盆中，然后，人们不停地用小石子打盆中的月亮，俗称“打月亮”。广西西部壮族的“祭月请神”活动更典型。每年中秋前后，人们在村头村尾露天处，设一供桌，供放祭品和香炉，桌子右边竖一高约一尺的树枝或竹枝象征社树，亦作月神下凡与上天的梯子。整个活动分为请月神下凡、神人对歌、月神卜卦算命、唱送神咒歌送月神回天四个阶段。

八月十五日要吃月饼。宋代的《武林旧事》一书中已提到月饼，《西湖游览志余》卷二十载：“八月十五日谓之中秋，民间以月饼相遗，取团圆之意。”《燕京岁时记》载：“届中秋，府第朱门皆以月饼果品相馈赠。至十五月圆时，陈瓜果于庭以供月，并祀以毛豆、鸡冠花。是时皓月当空，彩云初散，传杯洗盏，儿女喧哗，真所谓佳节也。”

在各地月饼中，以广式、苏式、京式、滇式最为有名。山东民间把

卖月饼 《太平欢乐图》

卖桂花 《太平欢乐图》

踏雪寻诗 《月曼清游图册》

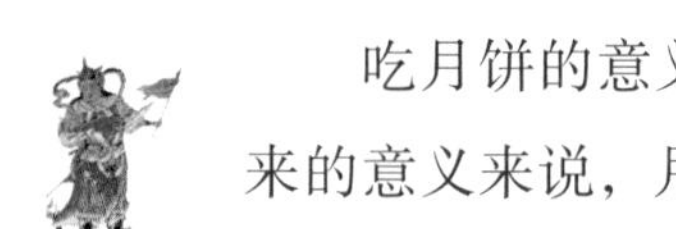

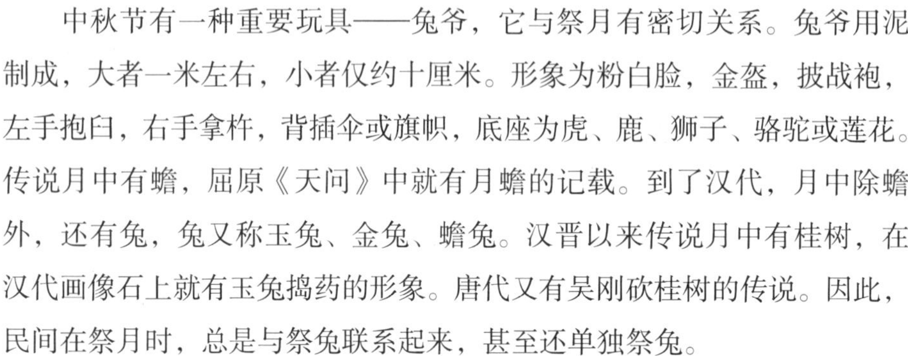

各户的月饼摆出来，让小孩一边吃一边唱，比较各户月饼的优劣。

吃月饼的意义，一般认为是取团圆之意，象征合家团圆。但是就原来的意义来说，月饼可能是拜月的供品和人们的节日食品。由于人们在节日中强调血缘家族团结，后来月饼才兼有团圆饼之义。

中秋节有一种重要玩具——兔爷，它与祭月有密切关系。兔爷用泥制成，大者一米左右，小者仅约十厘米。形象为粉白脸，金盔，披战袍，左手抱臼，右手拿杵，背插伞或旗帜，底座为虎、鹿、狮子、骆驼或莲花。传说月中有蟾，屈原《天问》中就有月蟾的记载。到了汉代，月中除蟾外，还有兔，兔又称玉兔、金兔、蟾兔。汉晋以来传说月中有桂树，在汉代画像石上就有玉兔捣药的形象。唐代又有吴刚砍桂树的传说。因此，民间在祭月时，总是与祭兔联系起来，甚至还单独祭兔。

八月十五也是祭祀土地神的日子。土地神，又称土地爷、社神。《重修纬书集成·孝经援神契》载："社者，土地广博不可遍敬，故封土为社而祀之，以报功也。"这种神起源于自然崇拜，因为中国是农业古国，农民离不开土地，在自然崇拜的支配下，人们对土地极为虔诚，所以奉土地为神明，后来加以人格化。道教也信仰土地神，称太社神、太稷神、土翁神、土母神等。相传八月十五日为土地生日，又是秋收之后，因此祭土地神成为中秋节的活动内容之一。在东南沿海地区，居民依赖海洋谋生，相信海潮也为神，过中秋时有观海潮祭潮神风俗。《中华全国风俗志·浙江》载："八月间，郡人有观潮之举。自八月十一日为始，至十八日最盛……是日士人云集，上下十余里间，地无寸隙，伺潮上海门，则有泅儿数十，执绿旗，树画伞，踏浪翻涛，腾跃百变，以夸其技能，豪民富客争赏财物，其时优人百戏。击球门扑。"

中秋节秋高气爽，人们在节日期间举行许多游戏活动。首先是夜晚赏月、赏莲、划船串月，妇女也栽花、戴花，"愿花常好""愿月常圆"。此时枣树结实，儿童多摘青枣四枚，制成枣磨玩，俗称"猪推磨"。其次是斗蟋蟀。其中的"九子斗蟋蟀"含有求子之意。养蝈蝈也是秋天的重要活动。此外，还有歌舞、杂技等内容，如广东梅县在中秋举办山歌节，

观潮节纪胜 《点石斋画报》

纪念歌仙刘三妹。海南儋州市有一种八月会，人们聚会、唱歌、交换月饼，通宵达旦。

中秋节在少数民族地区也比较流行，无论是西北地区的土族，还是南方地区的京族、毛南族都过中秋节，虽然形式有所不同，但目的都是祈求家庭欢聚、岁岁团圆。

浙江杭州则在八月十六日过观潮节，据说该日是潮神生日，人们在该日观潮，有些勇敢的小伙子还在潮水中游戏，号称“弄潮儿”。八月二十七日为孔子诞辰，过去学校多有祭孔仪式。

秋　分

秋分在阴历八月二十八日，斗指己为秋分。相当于阳历九月二十三日前后，太阳到达黄经 180° 开始。《春秋繁露》载：“秋分者，阴阳相半也，故昼夜均而寒暑平。”《群芳谱》载：“到此而阴阳适中，当秋之半。”

按传统看法，立秋为秋季开始，立冬为秋季结束，秋分正居中间，“秋分昼夜平分”。秋分，《尧典》上称作“宵中”，“宵”是夜的意思。秋分和春分一样也有两个意思：一是这一天昼夜相等，各为 12 小时，平分了昼夜；二是秋分居于秋季 90 天之半，平分了秋季。从此以后，太阳直射点向南移动，昼短夜长。

秋分以后，太阳直射地球的位置越过赤道，转向南半球，所以北半球获得太阳辐射热量将一天天减少，而地面向天空散发的热量，反倒因“秋高气爽”、云量减少而增加，所以散热很快。这时，来自北方的冷空气频

秋社 《农书》

频向下，天气逐渐转寒。秋雨以后，地表水分增多，这些水分蒸发又要吸收一些地表贮存的热量，于是就有了“一场秋雨一场寒”的农谚。

天文学上规定：秋分为北半球秋季开始。从秋分开始，我国大部分地区开始了秋收、秋耕和秋种的“三秋”工作。所谓秋收，《史记·太史公自序》记载：“夫春生夏长，秋收冬藏，此天道之大经也。”但是因为气候等自然条件不同，各地秋收的情况也不同。

东北地区，开始收割水稻、玉米、高粱、大豆和甘薯，在分期采摘棉花的同时，也要做好田间选种留种以及播种冬小麦的工作。华北地区秋收工作已经进入尾声，“秋分麦入土”，根据纬度、地形等先后播种小麦。农谚有“白露早，寒露迟，秋分种麦正当时”之说。因为麦子种得过早，温度高于20℃时，往往会造成麦苗冬前生长旺盛，叶茎过于繁茂，越冬易受冻害；种得过迟，温度低于10℃时，麦苗冬前生长期短，分蘖和根系生长不良，造成麦苗冬前细弱，不能积累养分，对越冬返青也不利。因此，

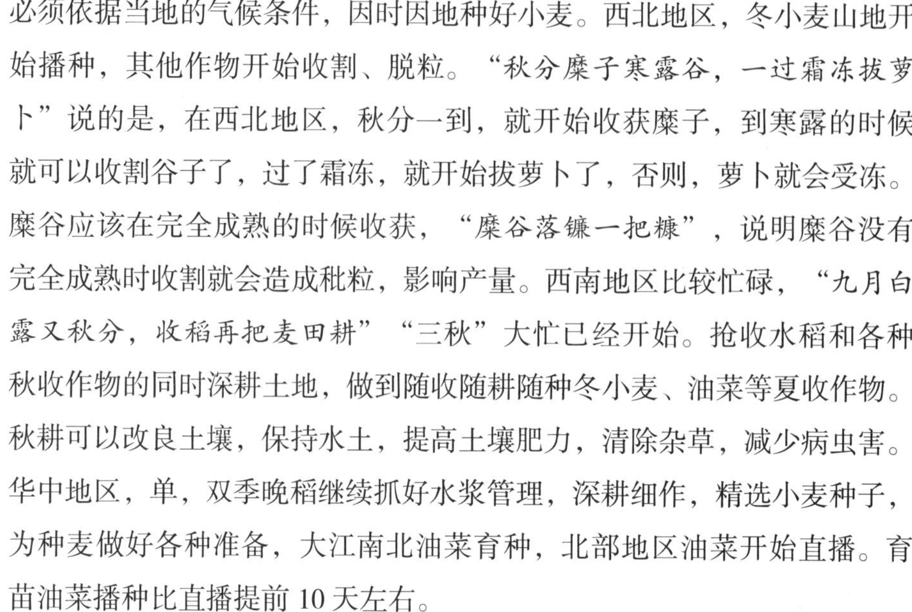

必须依据当地的气候条件，因时因地种好小麦。西北地区，冬小麦山地开始播种，其他作物开始收割、脱粒。“秋分糜子寒露谷，一过霜冻拔萝卜”说的是，在西北地区，秋分一到，就开始收获糜子，到寒露的时候就可以收割谷子了，过了霜冻，就开始拔萝卜了，否则，萝卜就会受冻。糜谷应该在完全成熟的时候收获，“糜谷落镰一把糠”，说明糜谷没有完全成熟时收割就会造成秕粒，影响产量。西南地区比较忙碌，“九月白露又秋分，收稻再把麦田耕”“三秋”大忙已经开始。抢收水稻和各种秋收作物的同时深耕土地，做到随收随耕随种冬小麦、油菜等夏收作物。秋耕可以改良土壤，保持水土，提高土壤肥力，清除杂草，减少病虫害。华中地区，单，双季晚稻继续抓好水浆管理，深耕细作，精选小麦种子，为种麦做好各种准备，大江南北油菜育种，北部地区油菜开始直播。育苗油菜播种比直播提前 10 天左右。

此时秋雨较少，其实雨多了并不好。《逸周书》载：“秋分雷始收声。”说的是到了秋分，一般也不打雷了。古人认为雷是因阳气盛而发声，秋分后阴气开始盛，所以雷声也收了。大江南北，此时最怕多雨，否则会影响秋收工作。农谚说：“秋雨连绵绵，全手不见半。”所以一定要抢晴收晒，排水防溃，把三秋工作做好。

秋分过后，就迎来了重阳节，登高、秋游、赏菊是该节的主要内容。

农历九月九日是传统的重阳节。因为《易经》中把“六”定为阴数，把“九”定为阳数，九月九日这一天，日月并阳，两九相重，故而叫重阳。南朝梁吴均《续齐谐记·九日登高》载：“汝南桓景随费长房游学累年。长房谓之曰：‘九月九日，汝家中当有灾，宜急去，令家人各作绛囊，盛茱萸以系臂，登高，饮菊花酒，此祸可除。’景如言，齐家登山。夕还，见鸡犬牛羊，一时暴死。长房闻之曰：‘此可代也。’”后来就有在重九日登高、饮菊花酒、佩挂茱萸的习俗。

登高之俗始于西汉，晋葛洪《西京杂记》云：“三月上巳，九月重阳，士女游戏，就此祓禊登高。”作者将重九与重三相对，并指出了登高驱邪免祸的用意。对此，唐代诗人杜牧在《九日齐山登高》中也做了描述：

种麦 《天工开物》

江涵秋影雁初飞，与客携壶上翠微。
尘世难逢开口笑，菊花须插满头归。
但将酩酊酬佳节，不作登临恨落晖。
古往今来只如此，牛山何必独沾衣。

其实，登高是一项古老的活动，起源于狩猎。远古时代人类以狩猎为生，他们钻森林，爬高山，以猎取动物。此外，重阳之后就到霜降了，人们争先恐后在霜降前上山采药材、挖野菜，这也是登高的起源之一。当时的登山是谋取生活资料的必要条件，后来城乡分离，有些人脱离了生产劳动，于是登山演变为娱乐活动，逐渐形成了登高习俗。《梦梁录》卷五载："日月梭飞，转盼重九，盖九为阳数，其日与月并应，故号'重阳'。"

民间认为九月九日也是逢凶之日，多灾多难。它同端午节为毒日一样，也有一系列避凶求吉的风俗。清董含《薄乡赘笔》云："今人逢九，

云是年必多灾殃。”因此必须在重阳节插茱萸以避邪。

茱萸是一种中草药，又名“越椒”或“艾子”，香味浓，有驱虫去湿、逐风邪之效，能消积食，治寒热。插茱萸的来源极为古老。《西京杂记》卷三云：“九月九日，佩茱萸，食蓬饵，饮菊花酒，云令人长寿。菊花舒时，并采茎叶，杂黍米酿之，至来年九月九日始熟，就饮焉，故谓之菊花酒。”在头上插茱萸、室内悬挂茱萸可避疫；在房前屋后种茱萸也有“除患害”之效；在井边种茱萸，茱萸落在井水中，水又有去瘟病的作用。由此可以看出，人们把茱萸看作灵物，视为药物。唐代诗人王维《九月九日忆山东兄弟》云：

独在异乡为异客，每逢佳节倍思亲。
遥知兄弟登高处，遍插茱萸少一人。

此诗虽然是怀人之作，但从中可以看出，唐代重阳节已盛行插茱萸之俗。

除了佩戴茱萸，人们也有头戴菊花的。唐代就已经如此，历代盛行不衰。宋代，还有将彩缯剪成茱萸、菊花来相赠佩带的。清代，北京重阳节的习俗是把菊花枝叶贴在门窗上，“解除凶秽，以招吉祥”。

茱萸 《三才图绘》

重阳佳节，秋高气爽，也是菊花盛开的时候，除了登高以外，也适合饮宴赏菊。宗懔《荆楚岁时记》记载：“九月九日，四民并籍野饮宴。”天朗气清的重阳，赏菊就成了人们的最爱。菊花又名黄花，属菊科，可作饮料，也可作药物。历代文人对赏菊多有记载。陶渊明《九月闲居》诗序云：“余闲居，爱重九之名。秋菊盈园，而持醪靡由，空服九华，寄怀于言。”

这里同时提到菊花和酒。菊花虽比不上牡丹的富丽及玫瑰的娇艳，却以其淡雅的风姿使人倾倒。在一片萧瑟的秋景里，唯有菊花一枝独秀，代表了坚忍不拔的个性。晋代陶渊明爱菊成痴，以菊为伴，号称菊友，故被人们奉为“九月花神”。他的“采菊东篱下，悠然见南山”更是菊花诗中的名句。唐代孟浩然《过故人庄》一诗：

故人具鸡黍，邀我至田家。
绿树村边合，青山郭外斜。
开轩面场圃，把酒话桑麻。
待到重阳日，还来就菊花。

真实形象地反映了唐代诗人过重阳节宴饮友人、赏菊的风俗。

唐代诗人杜甫晚年落难，客居夔州，但仍不忘在重阳之日独自登高，写下了流传千古的名篇——《登高》，道出了诗人对重阳节的喜爱和向往。白居易的《重阳席上赋白菊》，则表达了重阳赏菊轻松愉快的心情。诗中写道：

满园花菊郁金黄，中有孤丛色白霜。
还以今朝歌舞席，白头翁入少年场。

宋代菊花种类甚多。孟元老的《东京梦华录》卷八载：“九月重阳，都下赏菊，有数种。其黄白色蕊若莲房曰‘万龄菊’，粉红色曰‘桃花菊’，白而檀心曰‘木香菊’，黄色而圆者曰‘金铃菊’，纯白而大者曰‘喜容菊’，

大孝感天　《二十四孝图》

亲尝汤药　《二十四孝图》

事亲养志　《二十四孝图》

单衣顺母　《二十四孝图》

为亲负米 《二十四孝图》

鹿乳承亲 《二十四孝图》

戏彩抚亲 《二十四孝图》

刻木事亲 《二十四孝图》

卖身葬父　《二十四孝图》

为母埋子　《二十四孝图》

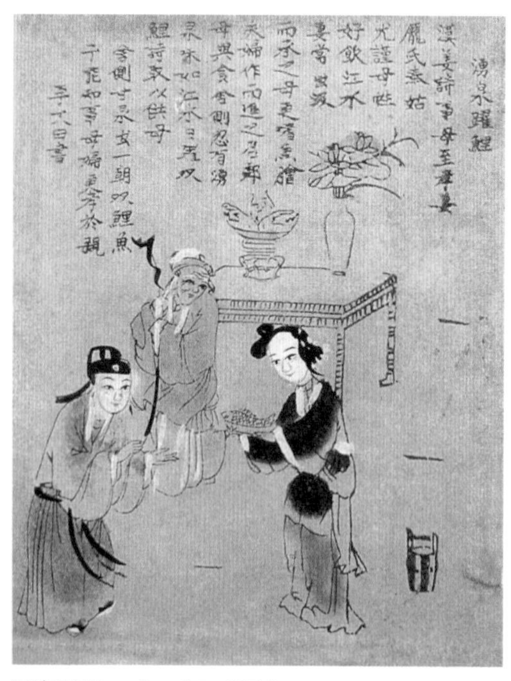

涌泉跃鲤　《二十四孝图》

怀橘遗亲　《二十四孝图》

行佣供母 《二十四孝图》

扇枕温衾 《二十四孝图》

闻雷泣墓 《二十四孝图》

恣蚊饱血 《二十四孝图》

卧冰救鲤　《二十四孝图》

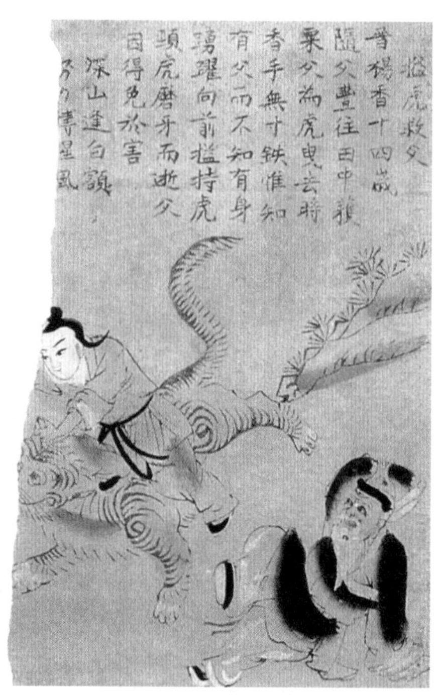

扼虎救父　《二十四孝图》

哭竹生笋　《二十四孝图》

尝粪忧心　《二十四孝图》

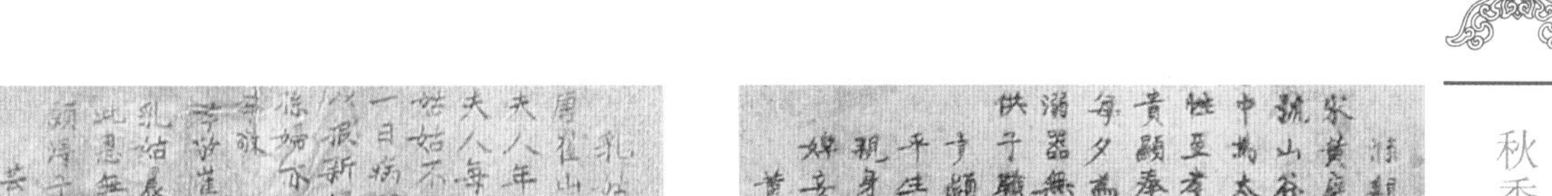

乳姑不息　《二十四孝图》

弃官寻母　《二十四孝图》

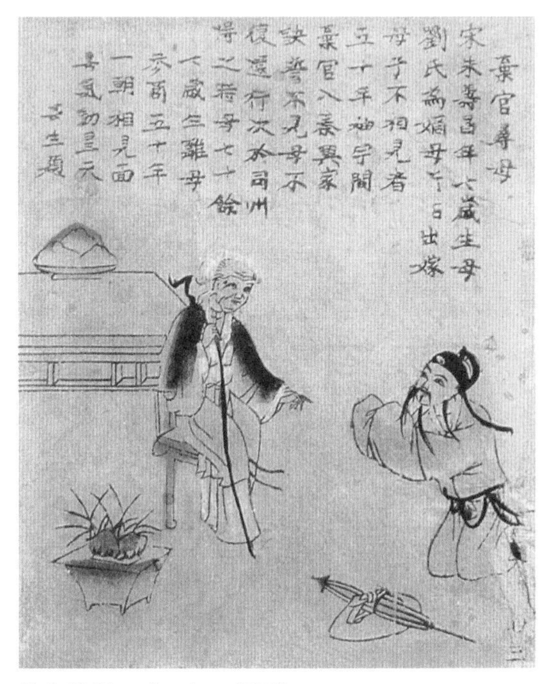

涤亲溺器　《二十四孝图》

鸡不供客　《二十四孝图》

菊花 《羊城风物》

赏菊 《诗赋盟》

无处无之。酒家皆以菊花缚成洞户。”文中描述了北宋时代开封“九月重阳，都下菊花”的品种和情景。清代赏菊又有很大的发展，出现了菊花大会。清代以后，赏菊之习尤为昌盛，且不限于九月九日，但仍然以重阳节前后最为繁盛。

菊花不仅有观赏价值，还能用来做成重阳节的饮品。民谚曰：“九日重阳，携酒登高。”说明重阳节必登高饮酒。这里的酒是菊花酒。《艺文类聚》引《续晋阳秋》云：“世人每至（九月）九日，登山饮菊花酒。”据说古时的菊花酒，是头年重阳节时专为第二年重阳节酿的。九月九日这

菊花 《唐诗图谱》

同庆丰年 《杨柳青年画》

天，采下初开的菊花和一点青翠的枝叶，掺和在准备酿酒的粮食中，然后一齐用来酿酒，于次年的重阳节才开坛饮用。传说喝了这种酒，可以延年益寿。按照中医的说法，菊花酒可以明目、治昏、降血压，有减肥、轻身、补肝气、安肠胃、利血气的功效。《太清诸草木方》云：“九月九日采菊花与茯苓、松柏脂，久服之，令人不老。”由此可以看出，赏菊的同时，人们浸泡菊花酒而饮，希望能延年益寿。

重阳节的饮食以吃糕为最。此俗源于魏晋时代，初曰面糕，唐代叫菊花糕，宋代叫重阳糕，明清则称花糕。重阳糕用面粉蒸制，以枣、栗、肉为佐料。蔡云的《重阳糕》中有着形象的描述：

> 蒸出枣糕满店香，依然风雨古重阳。
> 织工一饮登高酒，篝火鸣机夜作忙。

《东京梦华录》卷八也有记载：“九月重阳，都下赏菊……都人多出郊外登高，如仓王庙、四里桥、愁台、梁王城、砚台、毛驼冈、独乐冈等处宴聚。前一二日，各以粉面蒸糕遗送，上插剪彩小旗，掺饤果实，

盆菊幽赏图 《清史图典》

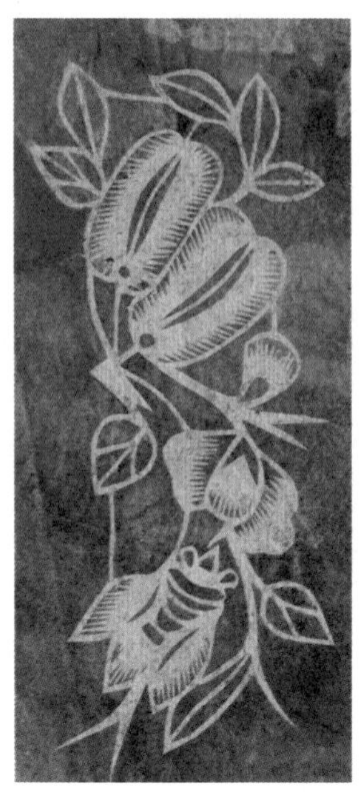

蝉 《熏画艺术》

如石榴子、栗子黄、银杏、松子肉之类。又以粉作狮子蛮王之状，置于糕上，谓之‘狮蛮’。”由此可见，制作重阳糕已经相当考究。

吃重阳糕也很有讲究：九月九日天明时，以片糕搭儿女头额，口中念念有词，祝愿子女百事俱高，乃古人九月做糕之本意。讲究的重阳糕有九层，形似宝塔，上面为两只小羊状，以符合重阳（羊）之义。有的还在重阳糕上插一小红纸旗，并点上蜡烛灯。其用意大概是用“点灯”“吃糕”代替“登高”的意思，用小红纸旗代替茱萸。当今的重阳糕，仍无固定品种，各地在重阳节吃的松软糕类都称之为重阳糕。

人们之所以吃重阳糕，是因为“高”与“糕”谐音，故应节糕点谓之“重阳花糕”，寓意“步步高升”。

重阳糕不仅是自家食用、招待女儿归宁（回娘家）的食品，而且还是馈送亲友的礼物之一。

重阳节的娱乐活动有围猎、射柳、放风筝和举重阳旗等。

《燕北杂记》载：“辽俗，九月九日打围，赌射虎，少者为负，输重九一筵席。射罢，于地高处设帐饮菊花酒，出兔肝生切，以鹿舌酱拌食之。”满族此时的狩猎活动为秋猎。当然，这是历代统治阶级的狩猎，

女儿回娘家 《民间剪纸》

回娘家 《剪纸》

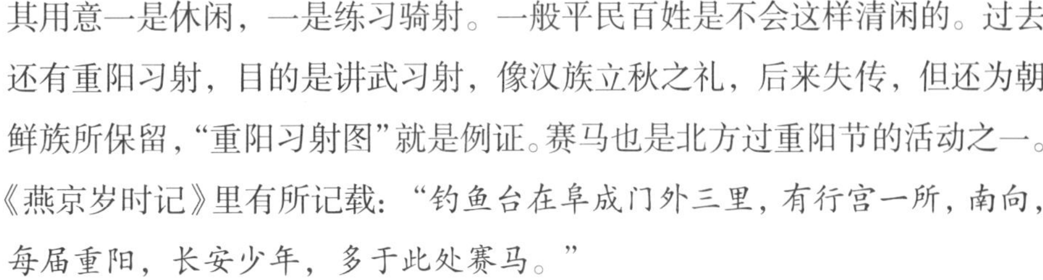

其用意一是休闲，一是练习骑射。一般平民百姓是不会这样清闲的。过去还有重阳习射，目的是讲武习射，像汉族立秋之礼，后来失传，但还为朝鲜族所保留，“重阳习射图”就是例证。赛马也是北方过重阳节的活动之一。《燕京岁时记》里有所记载：“钓鱼台在阜成门外三里，有行宫一所，南向，每届重阳，长安少年，多于此处赛马。”

目前，中国已确定重阳节为老人节，其实民间很早就在重阳期间供奉寿星、麻姑等神像，人们认为这些神灵是长寿的保护神。确定重阳节为中国人的老人节，这是有原因的：中国民间姑娘外嫁，必在九月九回娘家，孝敬老人和双亲，这是其一；其二，重阳节为二九相逢，九与“久”同音，是长寿的象征，因此以重阳节为老人节、敬老节，有利于发扬尊老爱幼的民族传统。

“海神”是我国沿海及台湾、澳门、香港等地对妈祖的称呼，也叫天后神。相传九月九日是中国海神妈祖升天之日，所以此日中国沿海和

习射 《乾隆射箭图》

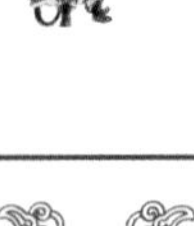

卖重阳糕 《太平欢乐图》　　卖菊花 《太平欢乐图》

台湾地区都要举行重大的祭祀海神盛会。

妈祖，名林默，生于宋太祖建隆元年（960 年）三月二十二日，卒于雍熙四年（987 年）。生前是福建莆田湄洲屿的巫女，死后被奉为海神。湄洲岛的妈祖庙就成为海神祖庙，是祭祀海神的中心。

祭祀妈祖分为固定祭祀和不固定祭祀两种。在妈祖三月二十三日诞辰和九月九日逝世这两天，都要举行隆重的祭祀活动；另一种是不固定的祭祀，即渔民出海时向妈祖祈求平安归来，或者遇到海难、求子、求雨时等临时性的祭祀活动。

固定的祭祀海神是在妈祖庙进行的，过去清朝官吏就有许多举行过隆重的祭海神仪式活动。一般民众的祭祀活动相对来说就比较简单，包括烧香、上供、祈拜、掷问卜、许愿、添油香，等等，供品有鸡、鸭、猪、羊、鱼等。所谓添油香，是把香火钱投入赛钱箱内，名曰占卜求吉，实为向妈祖献钱，也是一种祭献的形式。中国国家博物馆收藏的清人画卷《天后宫过会图》，就是描绘清代天津地区在三月二十三日祭祀妈祖诞辰时的庙会盛况。其中绘有庙会中几十种民间文娱活动，包括法鼓、高跷、大幡、中幡、宝辇、提灯提炉、接香会、打殿会、单伞秧歌，双伞秧歌、飞叉、什不闲、请驾会、五虎杠箱、庆寿八仙、鹤龄跷、宝鼎会、莲花落、大狮会，门幡、什锦杂耍、爬杆，等等。该图内容丰富，是反映妈祖庙会中民间文艺盛况的集大成者。

天后娘娘 《中国民间神像》

在香港有不少妈祖庙，如铜湾天后庙、赤柱天后庙、筲箕湾天后庙等，在九龙、新界等地也有天后庙。澳门的妈祖阁也是很古老的，每逢妈祖生卒之日，都要举行盛大的庙会活动。深圳赤湾、香港九龙妈祖庙和澳门妈祖阁曾并称岭南三大妈祖庙。

天后神龛 《台湾民俗大观》

天后诞辰出巡 《天后宫过会图》

除此之外，台湾也有数以千计的妈祖庙，比较著名的妈祖庙有澎湖天后宫、鹿港天后宫、鹿耳门圣母庙、鹿港新祖宫、台南大天后宫、北港朝天宫、安平开台天后宫、台北关渡宫等。三月二十三日妈祖诞生日，是台湾民间最大的祀神节日。在台湾北港朝天宫妈祖庙有一种绕境活动，是祭祀妈祖极为隆重的活动之一。三月二十三日这天八时，锣鼓喧天，鞭炮齐鸣；九时左右，由十名壮汉组成的轿班抬着妈祖像，冲过掩在鞭炮齐鸣中的人群，抬着神像一上一下，晃动前进，开始进行绕境或游街活动。在妈祖神像前，有两位护将——千里眼和顺风耳护卫。神像要游走所有的大街小巷，各家各户则要大开其门，提供品，放鞭炮，欢迎海神的到来，即希望海神能带来福音。游街归来后，轿班在走到庙门前五十米处，抬轿者即向庙门冲去，但到了门前又急速退回，如此反复三四次，才能进入庙内。众人也随着轿子入内，俗称“犁轿”。当日白天，在朝天宫门前还设有各种商行，开展各种文化娱乐活动，其中有狮阵、宋江阵、锣鼓阵、八家将等；晚上则演出布袋戏和歌仔戏。

布袋戏属于傀儡戏的一种。由于戏偶的四肢用布缝制而成，形状酷似布袋，民间称之为布袋戏。在台湾，布袋戏又称掌中戏，因为表演时，要把手伸进戏偶身子的布袋中来操纵。台湾布袋戏的角色分为生、旦、净、末、丑。在故事内容上，台湾布袋戏多取材于我国古老的历史故事和民

天后庙 《清俗纪闻》

间传说，著名的剧目有《西游记》《廖添丁传奇》等。演出时，台上手艺高超的艺人们则在幕后，一面用手熟练地操纵戏偶，表演各种细腻的动作，一面还要模仿各种人物声调，绘声绘色地叙述剧情，其中既有引人入胜的道白，也有典雅婉转的清唱，时而还插入一些幽默有趣的语言，配合着后场悠扬的音乐，一个个雕刻精美的戏偶，活灵活现，逼真传神。

歌仔戏，又称“台湾歌仔戏”，流行于台湾省和福建厦门、漳州、晋江等闽南语系地区，以及东南亚华侨居住的地方。歌仔戏的音乐曲调十分丰富，生旦净丑都用真嗓演唱。主要乐器有壳仔弦、大广弦、台湾笛和月琴等。它的表演、角色、服装、脸谱和打击乐等方面基本上都取法于京剧。歌仔戏的演出剧目主要有《山泊英台》《陈三五娘》等传统剧目。

寒露

重阳节过后，人们就迎来了寒露。该节气在阴历九月十四日，斗指甲为寒露。相当于阳历十月八日或九日，太阳到达黄经195° 开始。“寒露”是反映天气现象和气候变化的节气。古籍《二十四节气解》曰：“寒者，露之气，先白而后寒，周有渐也。”可见“寒”是表示露水更浓、天气逐渐由凉转寒之意。“寒露”时节，随着从西伯利亚来的冷空气势力的逐渐增强，我国大部分地区气温下降的速度加快，而且昼夜温差增大，有些地方开始出现霜冻。《月令·二十四节气集解》载：“九月节，露气寒冷，将凝结。”谚语云：“吃了寒露饭，单衣汉少见。”“吃了重阳饭，不见单衣汉。”“吃了重阳糕，单衫打成包。”说的都是到了寒露前后，天气逐渐转凉，人们开始把夏天的衣服收拾起来。其间，有两种重大的祭祀活动：一是祭祖，即在元宵前夕，必须祭祖先，送寒衣；另外是海神妈祖祭日。

寒露的主要物象是：“鸿雁来；雀入大水为蛤；菊有黄华。”“大雁不过九月九，小燕不过三月三。”这里的小燕指的是燕子，它们每年三

家庭祭祖图 《清俗纪闻》

孟姜女哭长城 《中国古典文学版画集》

妈祖 《清俗纪闻》

月三前后从南方飞到北方。到了寒露前后，大雁开始从北向南飞，准备过冬。“雀入大水为蛤”，这里的“大水”指的是大海。由于古人缺乏科学知识，不知道雀鸟是候鸟，所以认为冬天的雀鸟离开北方后，不是南飞，而是潜入水中，变成了海里的蛤贝等。

古人之所以这样认为，主要是他们观察到海边的蛤蜊和贝壳的条纹色泽与雀鸟的花纹颜色相似，进而推断蛤蜊和贝壳是鸟雀所化。虽然现在看来此说完全为无稽之谈，但是从另一个方面也说明了我们的古人具有丰富的想象力。“菊有黄华”说的是，到了寒露前后，菊花开花。菊花是中国的传统名花。它隽美多姿，然不以娇艳姿色取媚，却以素雅坚贞取胜，盛开在百花凋零之后。

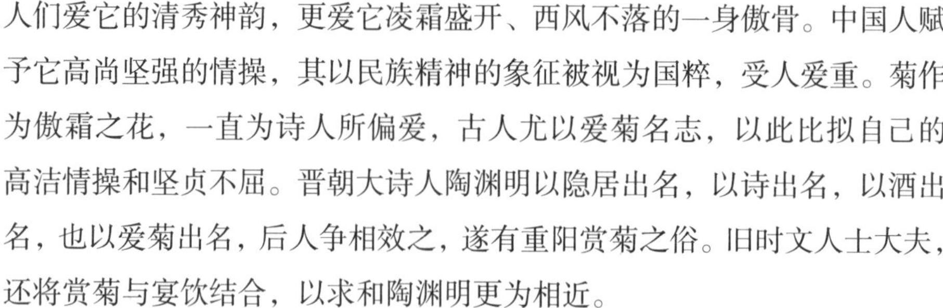

人们爱它的清秀神韵，更爱它凌霜盛开、西风不落的一身傲骨。中国人赋予它高尚坚强的情操，其以民族精神的象征被视为国粹，受人爱重。菊作为傲霜之花，一直为诗人所偏爱，古人尤以爱菊名志，以此比拟自己的高洁情操和坚贞不屈。晋朝大诗人陶渊明以隐居出名，以诗出名，以酒出名，也以爱菊出名，后人争相效之，遂有重阳赏菊之俗。旧时文人士大夫，还将赏菊与宴饮结合，以求和陶渊明更为相近。

中国人极爱菊花，从宋代起民间就有一年一度的菊花盛会。古代神话传说中菊花又被赋予了吉祥、长寿的含义，如菊花与喜鹊组合表示“举家欢乐”，菊花与松树组合为“益寿延年”等，在民间应用极广。

“寒露时节天渐寒，农夫天天不停闲。”本节气间，降水明显减少，有些年份则无降水，有的年份冬季风迟迟不来，夏季风仍较盛行，造成秋雨连绵。多数年份光照充足，是全年日照率最高的节气，素有秋高气爽之称。相对来说，此时气温较低，有了寒气，但是比较适合秋播秋种。“过了寒露无生田。”“寒露种麦，十有九得。”“白露种高山，寒露种平原。”“小麦种在寒露，种一碗收一斗。”“寒露蚕豆霜降麦。”“寒露时节人人

采莲 《唐诗图谱》

卖笋 《太平欢乐图》

农忙图 《杨柳青年画》

采果子 《剪纸》

犁地 《剪纸》

忙，种麦、摘花、打豆场。”“寒露畜不闲，昼夜加班赶，抓紧种小麦，再晚大减产。”这些民谚说的都是这个意思。

寒露时节，各地农忙也有所不同。

华北地区，麦子已经下种，主要是收获水稻、棉花、荞麦、甜菜等，除此之外，利用农闲时间，做好植树造林的工作；华北地区，从南到北，从秋分到寒露这段时间，各地都在深翻土地，精选良种，抓紧时间播种小麦；西北地区，开始播种冬小麦的同时，利用农闲时间平整土地，“九月寒露天渐寒，整理土地莫消闲。”为来年春播做好准备；西南地

区，在寒露前后秋风秋雨比较频繁，所以要抓紧利用晴好天气抢收水稻、玉米和豆类作物，同时对晚熟作物加强田间管理，“寒露油菜霜降麦”，此时，得抓紧时间播种油菜、豌豆等作物；华中地区，早熟单季晚稻即将成熟，为收割做好准备工作，双季晚稻处于灌浆期，需要进行间歇灌水，保持田面湿润；北部地区开始播种冬小麦，沿江地区播种油菜等作物。在做好以上工作的同时，还要利用闲余时间为过冬的牲畜准备好饲草。

自从进入秋季以后，天气渐渐凉爽起来，人们开始饮食上的进补，这就是人们常说的秋补，吃得比以前好一些，以便把枯夏的损失补回来。除了登高、赏菊、喝菊花酒外，在民族地区也有一些重大节日，如九月十六日高山族举行观月祭。“观月祭”是台湾高山族中的阿美人举行的一个传统节日。在每年的农历九月中旬，阿美人选择一个月明如昼的夜晚，载歌载舞，欢庆丰收，称之为“观月祭”。

解线 《羊城风物》

糖炒栗子 《三百六十行》

节日前夕，高山族聚居地区的族人中的成年男子即合买一头大水牛，将其屠宰后放置于树林当中。皓月当空之际，男人们前往树林，在这个露天的“大舞台”上围绕着“牛”翩翩起舞，尽情欢唱。歌舞完毕，歇息后大家把牛肉切成小块，再根据年龄的大小逐个分配受用。这时，打扮入时的高山族妇女头戴首饰、身披偏衫，三个一群，五个一伙，也结伴赶来参加“观月祭”活动，她们同男人们一起吃喝、赏月，然后酣歌狂舞，沉浸在节日的气氛之中。

九月十七日苗族过苗年。苗年是苗族人民一年中最隆重的节日，相当于汉族的春节。过苗年的时间各地各有不同，一般是在农历十月第一个卯日（兔日）、丑日（牛日）或亥日（猪日）举行。节日期间，人们互相走村串寨，探亲访友。节日期间的活动，除了“跳芦笙”外，还有踩鼓、吹唢呐、斗马、斗牛、对歌、爬竿，等等。

苗族是一个崇尚农耕的民族，苗民对耕牛和耕地有着很深的感情。苗家人在过苗年的时候，也要为耕牛和田土过个年。因此，在过苗年当天，一般还要举行敬牛、敬田活动。敬牛，便是把酒淋进牛鼻子，让它用舌头卷尝酒的醇香，以示向它贺年。敬田则把三、五根青草和一坨牛粪放进田里，以示让田地加餐。有的地方还拿酒肉到田里去洒祭一番，表示对田地一年奉献的酬谢。由此可见，苗年具有庆贺去岁收获、祈祷来年丰收的意味。

九月二十五日是满族的背灯祭。满族祭祀有朝祭、夕祭之分，背灯祭属夕祭。“背灯祭”的时间在晚上，一般在大祭之后举行（早期多于秋冬时举行）。祭祀的神祇说法不一，有认为是祭祀“佛托妈妈”或“万历妈妈”、锁头妈妈、子孙娘娘、佛头妈妈等神灵的；有的认为它所祭的神为星神或黑夜守护神。满族祭星源于远古的狩猎生活，满族人在夜晚狩猎时，星星对他们来说非常重要，他们通过星星来识别方向，久而久之形成了对星辰的崇拜。背灯祭的仪式比较烦琐。先是准备工作，首先要鸣放鞭炮，在院中设供桌，全族向南跪于桌后，把萨满的腰铃挂在外屋门框上；其次是领牲，萨满用神鼓和锅头将猪引到供桌前按倒，然后熄灭所有灯

光，在黑暗中完成杀牲的过程；第三是摆上腱子，由“穆昆达”族长念诵背灯祭词，然后萨满击鼓诵背灯神歌，边唱边绕供桌三圈儿，全族叩头，祭仪结束；最后是庆贺，点燃大堆篝火举行烧烤“避灯肉”仪式，全族围绕火堆边歌边舞，同时烧烤猪身各部位的肉，每人尝一口，以示全族吉利。从某种意义来说，背灯祭不仅是满族对先人远古无灯生活的回忆，也是对远古狩猎生活的追忆。

霜 降

“霜降”是秋季的最后一个节气，“霜降”是反映天气现象和气候变化的节气。阳历 10 月下半月，农历九月下半月，斗指巳为霜降，从太阳到达黄经210° 开始。其物象是豺乃祭兽，草木黄落，蛰虫咸俯。《月令·二十四节气集解》载：“气肃而霜降，阴始凝也。”由此可以看出“霜降”表示天气逐渐由热变冷，开始降霜了。其实霜并不是从天上降下来的，而是露水遇到寒冷的阴气凝结而成的。只有当地表温度达到 0℃以下，地表的水气又有一定含量，才会形成坚硬的小冰晶，人们把这种小冰晶叫作霜。气象学上，一般把秋季出现的第一次霜叫作“早霜”或“初霜”，而把春季出现的最后一次霜称为“晚霜”或“终霜”。从终霜到初霜的间隔时期，就是无霜期。

霜降时节的降不降霜，对农业生产很重要。中原农谚“霜降见霜，米烂陈仓；霜降不见霜，贩米人像霸王”说的就是这个意思。霜降这天

晒谷 《农书》

长扬久远 《武强年画》

如果降霜，来年丰收的谷子多得吃都吃不完，甚至会烂在粮仓里；霜降这天如果不降霜，来年庄稼就会歉收，粮贩子就会像霸王一样，粮食的价格反而居高不下。

霜降前后，全国各地的农活与三夏大忙相比虽然有所减少，但是也各有特点。东北地区的农民抓紧最后的时间收获棉花，继续秋翻耙压土地；同时，利用闲余时间，开展副业生产，抓紧时间采集中药材、野果和树种等。华北地区在霜降来临之前，抓紧时间刨收花生和山药，否则就会受冻，影响产量和收成；同时抓紧时间进行秋耕。“秋耕深一寸，顶上一茬粪”，秋耕不仅能改变耕地结构，还有助于灭虫害，由此可以看出秋耕的重要性来。西北地区，霜降来临之际，农活相对来说比较少，主要是给冬小麦灌溉，“冬麦浇好越冬水，夜冻日消时进行”。山区则抓紧收柿子，做好冬藏。闲余时间，兴修水利，从事农田基本建设。西南地区，秋耕、秋种进人紧张阶段。一方面翻犁板田、板土，继续抓紧时间播种大小麦、油菜、豌豆等作物；另一方面，抢收甘薯等晚秋农作物，争取在“早霜”来临之前抢收完毕。“霜降前，苕挖完。”“寒露早，立冬迟，霜降挖。”都是挖甘薯的农谚。华中地区的农活比较忙，“霜降不打禾，一夜丢一箩”“霜降不割禾，一天少一箩”，霜降来临之际，

三界神 《朱仙镇年画》

观雪赏菊 《清史图典》

如果不抓紧时间抢收晚稻，就会使水稻减产，同时也要抓紧时间抢收晚玉米、甘薯等。华中中部地区及沿江地区开始播种小麦，淮北地区抓紧抢收晚麦。如果需要种植油菜的地区得抓紧最后的时机进行播种，否则，一过霜降，油菜就难以下种；已经下种出苗的油菜得加强田间管理。棉花的收摘也到了最后阶段，争取把所有棉铃都采摘下来。茶园管理也到了最后阶段，一方面采收茶籽、选种留种；另一方面，开始给新茶园整地播种，采叶茶培土壅根。以上工作完成后，就可以腾出大量的人

春臼 《天工开物》

此中國燒包袱之圖也每年清明七月十五日十月初一日各住戶供包袱內裝燒紙銀錠上寫上三代名字晚輩祭之也

烧包袱 《北京民间生活彩图》

秋猎 《清史图典》

壬辰七月上澣
御筆

品茶 《美人图》

赏菊 《美人图》

元代脚碓 《敦煌壁画线图集》

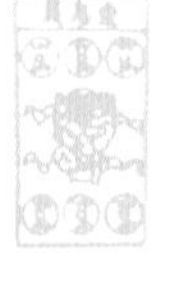

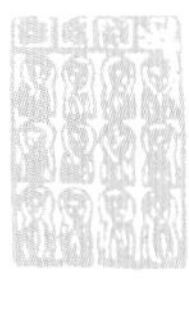

冥钱 《民间纸马》

力来进行林区基本建设，采集树种和造林。华南地区也很忙碌，一方面开始收割中稻、晚玉米、甘薯、花生等农作物，另一方面开始播种冬小麦。

农谚云：“千树扫作一番黄，只有芙蓉独自芳。”意思是说，到了霜降的时候，各种花草遇到霜以后，开始落叶枯黄，唯有芙蓉还散发着诱人的芳香，所以，霜降前后是人们观赏芙蓉的季节。但北方则是菊花盛开的季节。

霜降已是九月末，十月初一为寒衣节，在汉族地区流行祭祖，为亡人送寒衣，北京称“烧包袱”，这样做的目的是怕亡人在阴间受冷挨冻。旧时，在十月初一这天祭扫祖墓时，要在坟前焚烧纸糊竹扎的衣服鞋帽，意谓冬季来临，气候渐渐变冷，阳间的亲人要为阴间的鬼魂送衣取暖。根据南宋孟元老的《东京梦华录》记载，北宋时在夏历九月下旬即有“卖冥衣靴鞋席帽衣缎，以十月朔日烧献”之俗。

攀杠子 《点石斋画报》

瞎子抓鸡 《点石斋画报》

绕线 《康熙耕织图》

卖蟹 《太平欢乐图》

明朝刘侗在《帝京景物略》中记载：“十月一日，纸肆裁五色纸，作男女衣，长尺有咫，曰寒衣。夜奠呼而焚之门，曰送寒衣。”十月初一“送寒衣”之俗，元、明、清历代相承，只不过所焚“冥衣”，或为竹扎纸糊，或为剪纸加色，或为刻板印刷，越来越简化了。

在北方初冬，人们喜欢冬猎，小孩则多玩攀杠子、瞎子摸鸡等游戏。

十月初四蒙古族要祭祀成吉思汗。十月初五彝族过十月年。

冬季的节气

立冬

立冬是冬季的第一天，“立”有“见”之意，“立冬”就是秋去冬续之意，在阴历十月十五日，斗指西北为立冬。相当于阳历十一月七日前后，太阳到达黄经225° 开始。“立冬”是反映季节变化的节气。《吕氏春秋》载：“立，建始也。”《逸周书》载：“立冬之日，水始冰，地始冻。”《群芳谱》载：“冬，终也，物终而皆收藏也。”就是说，到了“立冬”之日，不仅各种作物应该收获，而且应该晒好、贮藏好。由此可见，我国自古以来，就有“秋收冬藏”之说。《东京梦华录·立冬》对冬藏有所记载：“是月立冬前五日，西御园进冬菜。京师地寒，冬月无蔬菜，上至宫禁，下及民间，一时收藏，以充一冬

三白告丰 《文物月刊》

梅花谱 《中国吉祥图案》

观梅 《美人图》

食用。于是车载马驮，充塞道路。时物：姜豉、㓾子、红丝、末脏、鹅梨、榅桲、蛤蜊、螃蟹。”

立冬在古代是一个重大的节气，历代都有隆重的迎冬典礼。《礼记·月令》载：“是月也，以立冬。先立冬三日，太史谒之天子，曰：‘某日立冬，盛德在水。’天子乃斋。立冬之日，天子亲率三公九卿大夫，以迎冬于北郊。还，乃赏死事，恤孤寡。”

立冬以后，天气渐渐变冷，民间有“立冬进补”之说。立冬是农历二十四节气之一，是我国气候暑往寒来的一个分界线，立冬之前是为深秋，立冬之后，严寒将至。为适应气候的季节性变化，增强体质以抵御寒冬，

好大糖葫芦 《图画日报》

卖螃蟹 《三百六十行》

立冬日便进行“补冬”。民谚有云：“立冬这时饮水也有补”，反映民俗对“补冬”之重视。出嫁的女儿，在立冬时也给父母送去鸡、鸭、猪蹄、猪肚之类营养品，让父母补养身体，以表对父母孝敬之心。

秋天串街巷賣螃蠏

卖螃蟹 张毓峰摹绘

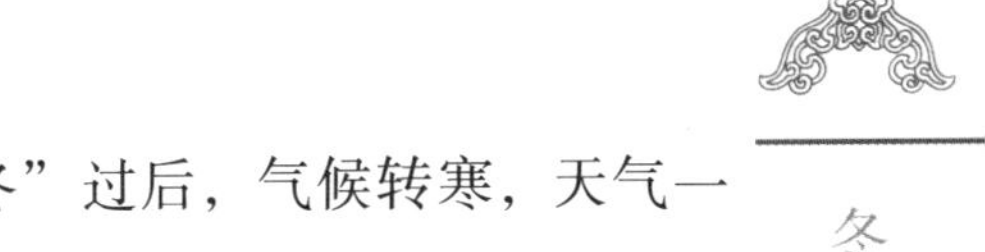

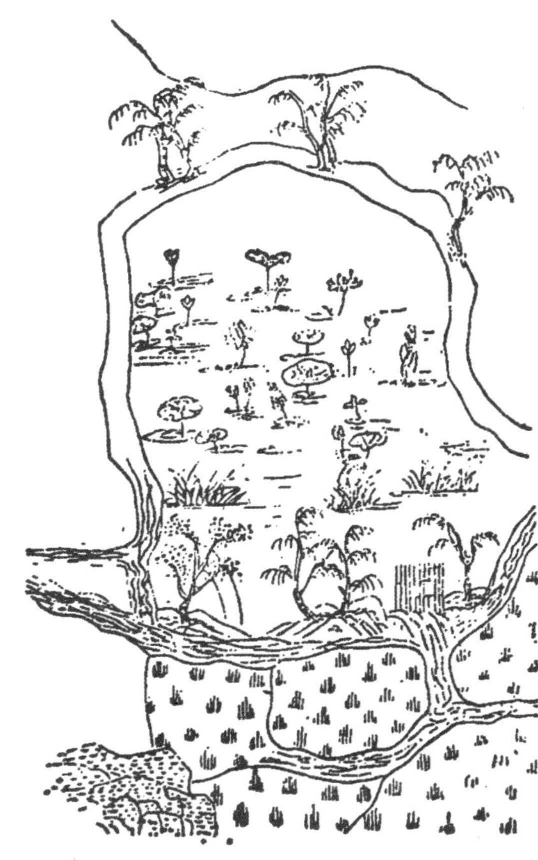

坡塘 《农书》

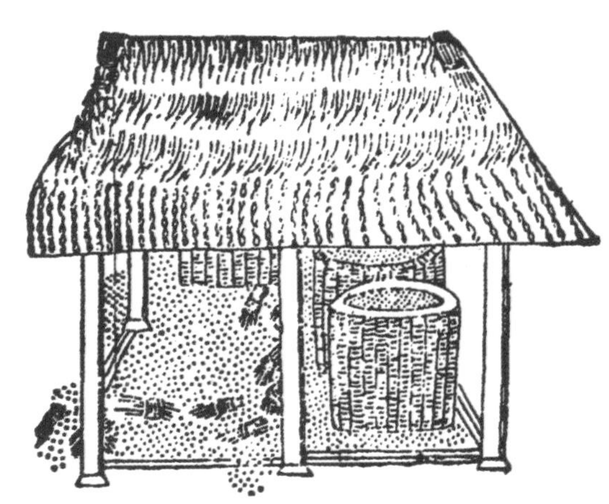

廪 《农书》

“立冬”过后，气候转寒，天气一天比一天冷，而且有的地方开始下雪和地面结冰，但夜冻日融。天气的变化并不都是突然的，在这个时期常有一段“回暖期”，也就是人们常说的“十月小阳春”。此时全国各地的农活比较少。东北地区，继续翻耙压土地，组织人力进行冬灌。华北地区，土壤日消夜冻，此时给麦地浇水最好，谚语云：“不冻不消，浇麦偏早；只冻不消，浇麦晚了；夜冻昼消，浇麦正好。”趁土壤没有完全封冻以前，抓紧时间秋耕。“秋冬耕地如水浇，开春无雨也出苗。”“冬天耕下地，春天好拿苗。”“粮田棉田全冬耕，消灭害虫越冬蛹。”“冬天把田翻，害虫命‘归天’。”“冬耕灭虫，夏耕灭荒。”“秋冬多耕地，来年多打粮。”“土地耕得深，瘦土出黄金。”从以上农谚可以看出秋耕的重要性。西北地区，给冬麦灌水，追施盖苗肥。西南地区，加速秋耕、秋种的进度，完成大麦、小麦、油菜以及其他夏收作物的播种任务，及时抢收晚玉米、甘薯和其他晚秋作物，防止低温霜冻的危害而造成作物减产。华中地区，“三秋”作物到了收尾阶段。甘薯已经入窖，充分做好降温保温工作。此时，小麦已经出苗，要做好查苗补苗工作。南部地区和沿江一带，争取在很短的时间内抢种完小麦。

有关立冬的农谚较多：

立冬交十月，小雪地封严。

立冬不拔葱，落了一个空。

立冬不出菜，冻死也无怪。

立冬收萝卜，小雪收白菜。

立了冬，只有梳头把饭工。

立冬先封地，大雪先封船。

立冬晴过寒，勿要把柴积。

冬天少农活，草料要斟酌，粗料多，精料少，但是不能跌了膘。

立冬小雪到，鱼种池塘管理好，组织劳力积肥料，来年饵料基础牢。

牛室 《农书》

冬猎 《尔雅音图》

入冬以后，大多地区进入农闲季节，文化娱乐活动增多，冬季游戏也增加了，如踢毽、踢石球、冬猎等。

在立冬后第一天，即十月十六日，瑶族过盘王节，这是该族最大的节日，旨在祭祀始祖神。

狗戏 《羊城风物》

宋代木偶戏 中国国家博物馆提供

小 雪

小雪在阴历十月三十日，斗指巳为小雪。相当于阳历十一月二十二日前后，太阳到达黄经240° 开始。《群芳谱》曰：“小雪气寒而将雪矣，地寒未甚而雪未大也。”这就是说，到“小雪”这个节气时，由于天气寒冷，降水形式由雨变为雪，但此时由于“地寒未甚”，故降雪量还不大，所以称为小雪。

此中國磨刀剪之圖也其人用板櫈上綑石頭一塊綁住小水罐一個每逢到街市之上以喇叭吹之為號有新刀剪必須鏇閒磨開口可也

磨刀剪 《北京民间风俗百图》

乾隆雪景寻乐 《清史图典》

瑞雪丰年 《杨柳青年画》

击壤 《杨柳青年画》

随着冬季的到来，气候渐渐变得寒冷起来，不仅地面上的露珠变成了霜，而且天空中的雨也变成了雪花，下雪后，大地披上了素装。但此时的天气还不算太冷，所以下的雪常常是半冰半融状态，或者落到地面后立即融化了，气象学上称之为“湿雪”；有时还会雨雪同降，叫作“雨夹雪”；有时降如同米粒一样大小的白色冰粒，称为“米雪”。

本节气降水依然稀少，降水量远远满足不了冬小麦的需要，但晨雾比上一个节气要多一些。

关于小雪的农谚也不少：

小雪大雪不见雪，小麦大麦粒要瘪。

小雪封地，大雪封河。

咏雪 《雪景故事图册》

烹雪 《雪景故事图册》

小雪封地地不封，大雪封河河无冰。
小雪封地地不封，老汉继续把地耕。
早晚上了冻，中午还能耕。
小雪不把棉柴拔，
地冻镰砍就剩茬。
十月里来小阳春，
下场大雪麦盘根。

南方榨油 《天工开物》

在全国范围内，小雪时节虽然不太忙碌了，但是各地也有所不同。东北地区，开始给牲畜防寒，给果树绑扎布条等，这使果树能够安全过冬。华北地区，此时开始收获白菜，否则就会受冻，“小雪不起菜（白菜），就要受冻害。”“小雪不砍菜，必定有一害。”说的就是这个道理。收回来的白菜也要及时储藏，正所谓“葱怕雨淋蒜怕晒，大堆里头烂白菜。”西北地区，这一节气主要是兴修水利，积肥造肥。西南地

扎蔗取浆图 《天工开物》

围猎 《杨柳青年画》

区相对来说要忙一些，因为秋播已到了最后时期，如果播种太晚，就会影响作物的生长。对已经播种的农作物要加强田间管理，及时中耕、培土、施肥，以利于庄稼越冬。

另外，有些地方利用农闲时节，进行植树造林活动。此类谚语很多，如“大地未冻结，栽树不能歇。”“小雪虽冷窝能开，家有树苗尽管栽。”“到了小雪节，果树快剪截。”

小雪时节，气候开始变冷，人们的生活节奏也缓慢下来。古人则流行赏雪、堆雪人，一般男子喜欢出去冬猎，妇女、老人则忙于纺织和编织；南方则忙于榨糖。小雪期间，人们开始准备过年，如磨刀、杀年猪、做年糕等，游戏有踢毽、踢球、击壤等。

大　雪

大雪在阴历十一月十四日，斗指甲为大雪。相当于阳历十二月七日前后，太阳到达黄经 255° 开始。文献记载如下：

《礼记·月令》：“冰益壮，地始坼，日短至，阴阳争，诸生荡。”

《月令·二十四节气集解》：“十一月节，大者盛也，至此而雪盛矣。”

《群芳谱》：“大雪，言积寒凛冽，雪至此而大也。”

《二十四节气集解》：“大者已盛之辞，由小至大，亦有渐也。”

从字面上看，到了大雪节气，雪愈下愈大，胜于小雪。大雪的意思是天气更冷，降雪的可能性比小雪时更大了，并不指降雪量一定很大。据气象学测定，当时日降雪量平均在 5 毫米以上，能见度为 500 米左右。民间保留的农谚，对大雪有极其生动的描述：

积雪成佛 《杨柳青年画》

大雪年年有，不在三九在四九。

大雪不碴河，架不住风来磨。

大雪交冬令，冬至一九天。

大雪天已冷，冬至换长天。

大雪小雪，烧火不熄。

大雪遍地白，冬至不行船。

大雪大捕，小雪小捕。

大雪纷纷在年关，来年是个丰收年。

大雪纷纷是旱年，造塘修仓莫再闲。

大雪交冬月，冬至白祭天；
小寒忙买办，大寒过新年。

大雪雪满天，来年必丰年。

今冬麦盖三尺被，明年枕着馒头睡。

瑞雪留得久，来年兆丰年。

除夕瑞炭 《太平欢乐图》

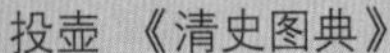

投壶 《清史图典》

入仓 《农书》

大雪期间的农事活动主要是积肥送肥、修田搞水利、护理牲畜、植树造林、入仓、进行冬灌。“不冻不消，冬灌嫌早；光冻不消，冬灌晚了；又冻又消，冬灌正好。”这些谚语在指导人们冬灌方面具有重要的意义。这一时期，全国各地又有所不同，西南地区和华中地区比较忙碌。西南地区，小麦进入分蘖期，应该及时进行中耕，施分蘖肥，油菜田地里也应该匀苗、补苗、定苗；华中地区，小麦开始越冬，应该提早施肥，适当压麦田，以减轻地表裂缝，防止漏风、跑墒和冻害等。

耍狮子 张毓峰摹绘

图说中国传统二十四节气

张渭早梅诗图 《唐诗图谱》

梅花 《唐诗图谱》

观梅 《唐诗图谱》

这一节气，天气更加寒冷，在生活上，必须穿好冬装，防止冻疮。室内要经常生火，防止寒气侵入。如果下雪，人们会走出户外赏雪、堆雪人。有些人外出进行冬猎，当然也是赏梅的季节。

煮油 《天工开物》

打滑挞 《点石斋画报》

冬　至

冬至在阴历十一月二十九日，斗指戊为冬至。因为当天白昼最短夜里最长，所以又称“日短”“冬节”“至节”“长日”。相当于阳历十二月二十二日，太阳到达黄经270° 开始。

在古代，“冬至”是二十四节气中极为重要的节气之一，古代文献对冬至的记载较多，《月令·七十二候集解》云：“十一月中，冬藏之气，至此而极也。”《通纬》云：“阴极而阳始至，日南至，渐长至也。”《二十四节气集解》云：“阴极之至，阳气始生，日南至，日短之至，日影长至，故曰冬至。”

这一天，北半球各地的太阳高度角最低，是一年中白天最短、日照时数最少的一天，所以“冬至”又叫“日短至”。过了“冬至”，白天开始一天天变长，夜晚一天天缩短，故有“冬至一阳生”之说。

对冬至节气的变化，有一句最典型的谚语：“吃了冬至面，一天长

山海关雪景 《杨柳青年画》

做针线 《民间剪纸》

孔子教授 《中国迷信研究》

一线。”前一句比较容易理解，后一句“长一线”是什么意思呢？《荆楚岁时记》云：“魏晋间，宫中以红线量日影，冬至后，日影添长一线。”《唐杂录》记载：“唐宫中以女工揆日影之长短，冬至后，日晷渐长，比日常增一线之工。”这就是说，由于每天都长一点，织女可一天多织一根纬纱，即“长一线”，后来宫中测日影也以多织一根纬纱为尺度，所以也就有了“冬至当时归三刻，拙女多纳三针线”之说。

远在周代，以冬至为岁首，其前一天为除夕，因此冬至为一年中的大节，后来虽然改变了岁首，但冬至的地位依然很重要。汉族喜欢吃冬至面、吃冬菜，台湾各族喜欢吃汤圆，当地有两种汤圆可吃，他们认为“不吃金丸（红）、阴丸（白），不长一岁”。吃饺子则是全国各地的习惯，认为冬至这天如果不吃饺子，就有可能在寒冷的天气里冻坏耳朵。

在冬至时要祭天祭祖，以便感激天神和祖先护佑农业丰收。学校、读书人则要祭孔。

《周礼·春官》曰：“以冬日至，致天神人鬼。以夏日至，致地祇物魅。”意思是说，冬至要祭天神，夏至要祭地神，这一仪式是自古到清末一直遵循的国家大礼。明成祖迁都北京后所建的城南天坛，就是皇帝祭天的地方。

在冬至前后，江浙地区流行一种“扫疥”巫术，认为通过此番巫术，小儿就不容易生疥疮了，可以平平安安成长。

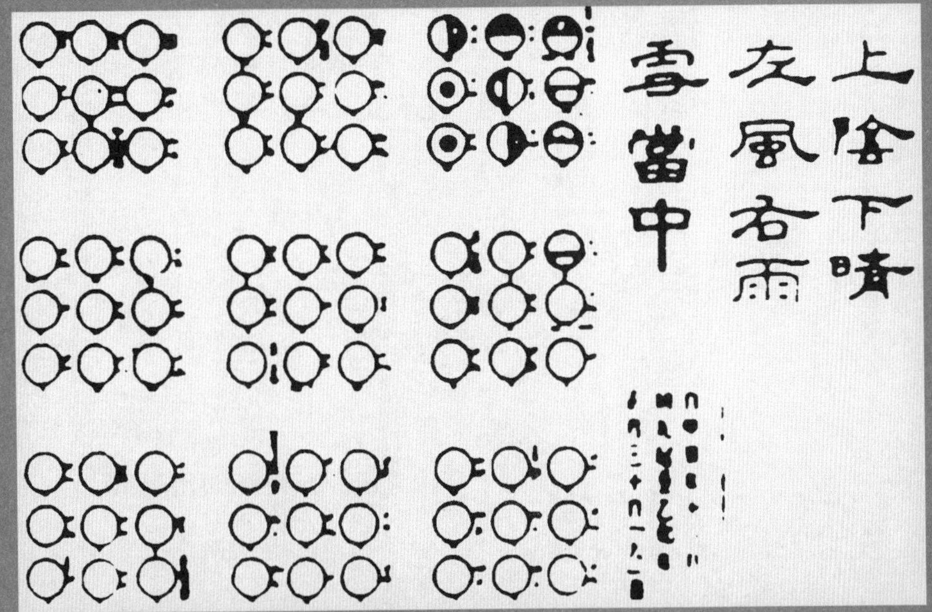

圆圈消寒图　《紫禁城》

谈到冬至时，必然提到两件事：一是“九九歌”，二是消寒图。

各地都有口头流传的“九九歌”，自北而南列举若干：

一九二九，冰上走；三九四九，冻死老狗；五九买年货；春打六九头；七九河开；八九雁来；九九春分到，庄户把地耪。（吉林）

一九二九，灶炕湿朽；三九四九，冻死对口；五九六九，穷汉伸手；七九河开；八九雁来；九九加一九，黄牛遍地走。（辽宁）

一九二九，不出手；三九四九，冰上走；五九和六九，河边看杨柳；七九河冻开；八九燕子来；九九加一九，耕牛遍地走。（北京）

一九至二九，相逢不握手；三九二十七，锭糖挂半壁；四九三十六，方才澄得熟；五九四十五，穷汉街头舞；不要舞，还有寒春四十五。（河北）

一九二九，不出手；三九四九，冰上走；五九半，凌碴散；春打六九头；七九六十三，走路的君子把衣袒；八九七十二，遍地是牛儿；九九八十一，屋里做饭院里吃。（山东）

一九二九，夹裤换棉裤；三九四九，房中生火炉；五九六九，外面找不到路（下雪）；

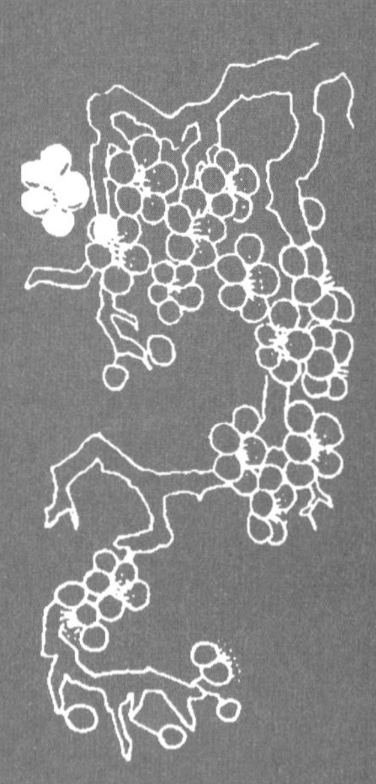

梅花消寒图　《紫禁城》

书生礼拜之图 《清俗纪闻》

管城春满消寒图 《紫禁城》

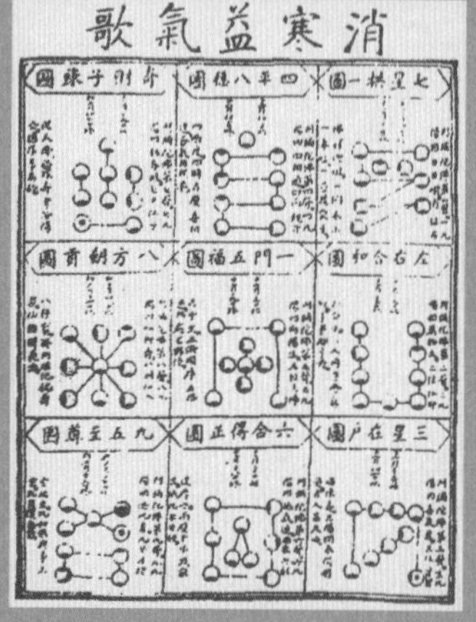

消寒益气歌 《紫禁城》

葫芦消寒图 《文史知识》

七九八九，沿河插柳；九九八十一，行人路上把衣袒。（湖北）

一九二九，怀中抱手；三九二十七，檐前雨不滴；四九三十六，檐前胶蜡烛；五九四十五，家家打年鼓；六九五十四，春风如榨刺；七九六十三，行人把衣宽；八九七十二，看牛儿坐溃溃；九九八十一，安排蓑衣和斗笠。（湖南）

一九二九，吃饭温手；三九四九，冻破碓臼；五九六九，沿河插柳；七九八九，访亲看友；九九八十一，农忙不休息。（江西）

一九二九，背起粪篓；三九四九，拾粪老汉沿路走；五九六九，挑泥挖沟；七九六十三，家家把种拣；八九七十二，修车装板儿；九九八十一，犁耙一齐出。（江苏）

一九二九，不出手；三九二十七，芽头如笔立；四九三十六，夜眠水上宿；五九四十五，太阳开门户；六九五十四，黄狗看阴地；七九六十三，破棉袄用扁担担；八九七十二，鲤鱼跳过滩；九九八十一，

三字经九九图 《杨柳青年画》

犁头闸田缺。（浙江）

一九二九，怀中揣手；三九四九，冻死猪狗；五九六九，沿河看柳；七九六十三，行路把衣宽；九九八十一，庄稼汉在田中立。（四川）

一九二九，相见不出手；三九四九，冰凌上走；五九六九，沿河看柳；七九六十三，行人路上把衣袒；八九七十二，扇扇撵热气；九九八十一，晒破脑门皮。（云南）

上述所列“九九歌”，不仅能看到各地入九后气候的异同，还能看到各地的风俗民情，并再次表明节气中保留的口头文学是一种重要的文化载体。

另一项活动是绘制消寒图，此俗相传为宋代文天祥所创。文天祥在广东海丰五坡岭被俘后，关押在北京，其时正值数九寒天，文天祥在牢房的墙上画了一个 81 格的图，用墨一天涂一格，寓意严冬必尽、春日必归。民间流行的“消寒图”多种多样，比较流行的有文字消寒图、圆圈消寒图、梅花消寒图、泉纹消寒图、四喜人消寒图、葫芦消寒图，等等。

老虎拉碾消冬图 《民间年画》

小　寒

小寒在阴历十二月十五日，斗指戊为小寒。相当于阳历一月五或六日。太阳到达黄经285° 开始。《周书·时训》载：“小寒之日，雁北乡；又后五日，鹊始巢；又后五日，雉始雊。”

意思是说，小寒时大雁开始从南向北飞翔，喜鹊来居住了，鸡也开始鸣叫了；也就是说小寒处于四九时，阳气开始回动。

三羊开泰 《杨柳青年画》

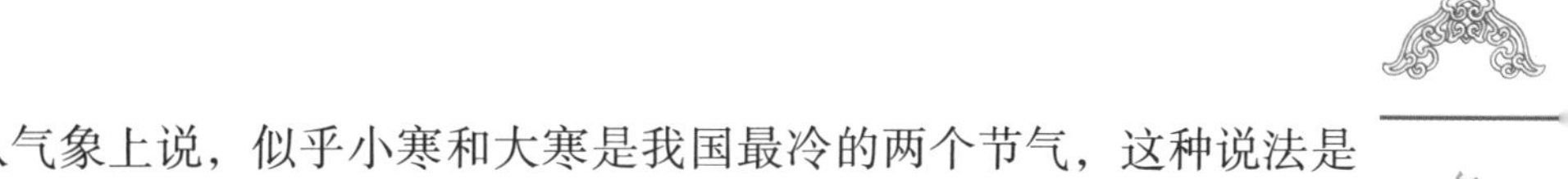

从气象上说，似乎小寒和大寒是我国最冷的两个节气，这种说法是不错的，但若认为大寒比小寒还要冷，那就不对了。实际上，小寒比大寒冷，小寒指每年阳历一月五或六日至二十或十九日，大寒指每年阳历一月二十一或二十二日到二月三或四日。我国除沿海局部地区外，一年中最低的旬平均温度是一月中旬，正处于小寒节气内，而大寒已进入一月末。为什么小寒比大寒冷呢？因为一个地方气温的高低与太阳光的直射、斜射有关。太阳光直射时，地面上接受的光热多，温度就高，这是主要原因；其次，太阳斜射时，光线通过空气层的路程要比直射时长得多，沿途中消耗的光热就要多，地面上接受的光热少，温度当然也就低了。冬天，对于北半球来说，太阳光是斜射的，所以各地天气都比较冷。冬至前后虽然光线斜射最厉害，但是夏季以来，地表层积蓄的热量可以补充大量放热的散失，所以算不得最冷。小寒期间，需得量和放出的热量趋于相等，也就是地表层贮存热量最少，所以，小寒节气天气最冷。这类似于一天中最高温度不是出现在中午，而是在下午 2 点左右的原因。小寒过后，温度逐渐增加，所以大寒的平均温度反而比小寒略高。

反映小寒的农谚不是很多，但也有一些，如：

太平鼓
《北京民间生活彩图》

小寒大寒，冷成冰团。
小寒大寒，冷水成团。
小寒大寒，不久过年。
小寒忙买办，大寒就过年。
小寒大寒，一年过完。
小寒交九不收，大寒冰上行走。
小寒节日雾，来年五谷富。

乡人傩 《点石斋画报》

合境平安
馬

傩近于戏 《点石斋画报》

蒸酒 《羊城风物》

炒栗子 《三百六十行》

蒸馒头 张毓峰摹绘

烤山芋 《三百六十行》

春帖佣书 《十二月令》

此中國賣白薯之圖也其人將生白薯挑至家中用淨水洗過放入鍋內蒸熟街巷零賣其味甜不堪鮮飢不宜多食

卖白薯 《三百六十行》

从上述谚语可看出，小寒是最冷的节气，雪下得多了，人们也玩起了打雪仗、堆雪人游戏；当时正逢腊八节，所以流行吃腊八粥，多有傩戏表演或驱疫活动；当时的节令食品有烤白薯、糖炒栗子，卖糖葫芦的也多了起来；进入腊月后，人们开始置办年货了。

卖箫鼓迎元旦
《太平欢乐图》

卖春联
《太平欢乐图》

卖欢乐图
《太平欢乐图》

写春联　《北京风俗百图》

苇棚卖书　《十二月令》

小寒期间，广大农村都积极准备年货，除自产自制的年猪、年糕外，还开列年货清单，到集市购神马、红纸、年画、鞭炮、糖果、彩灯等。一些文弱书生走街串巷，去为主顾写春联、卖书画、卖乐器。

烤糍粑　《羊城风物》

榨香　《羊城风物》

富贵唐花 《十二月令》

在家庭内，广人妇女为了迎接新春，都大量剪纸，或者从市场上购万年青等花草，将室内布置一新，颇有节日气氛。人们也喜欢到街市上购买糖炒栗子、烤白薯，这是颇有特色的冬季食品。

磨刀 《羊城风物》

卖万年青 《太平欢乐图》

大 寒

大寒在阴历十二月二十日，斗指癸为大寒。相当于阳历一月二十日前后，太阳到达黄经300° 开始。《授时通考 · 天时》引《三礼义宗》云："大寒为中者，上形于小寒，故谓之大。寒气之逆极，故谓之大寒。"《群芳谱》曰："大寒，寒威更甚。"

唐代诗人孟郊有一首《苦寒吟》：

天寒色青苍，北风叫枯桑。
厚冰无裂文，短日有冷光。
敲石不得火，壮阴夺正阳。
苦调竟何言，冻吟成此章。

放鞭炮迎新年 《清史图典》

村社迎年 《文物月刊》

这首诗生动地描述了大寒的景象。据科学测定，当候，即五天平均气温在0℃以下，即进入严寒季节。这一时期，农家一般做年糕，继续办年货。

描述大寒的谚语较多：

小寒大寒，冷成一团。
大寒见三白，农人衣食足。
冬天比粪堆，来年比粮堆。
苦寒勿怨天雨雪，雪来遗到明年麦。
大寒过年。
大寒凛冽在年关。

在农谚中有一句“大寒过年”，说明到了大寒就过年了。事实上，过年应该从腊月二十三祭灶开始，历史传说人们以黄羊祭灶，把灶神送上

黄羊祭灶 《文物月刊》

朝岁图 《清史图典》

元旦题诗图 《清史图典》

冰戏图 《清史图典》

刘二姐逛庙 《杨柳青年画》

玉皇 《徽州年画》

天，助其向玉皇述职。民间还流行跳灶风俗，既是悦神，又是年节喜庆娱乐。到了除夕，全家团聚、祭祖、吃年夜饭，无论是个人还是村社，都积极迎年，挂春联、贴年画和门神、剪窗花，佩解迎年。大年初一祭祖，向老人拜年，老人给晚辈压岁钱，从此拉开了丰富多彩的大年活动。

关门祭灶 《中国迷信研究》

爆竹生花 《吴友如画宝》

新正逛厂甸《杨柳青年画》

年末多流行冰上游戏，如民间的滑冰、坐冰床，清宫还在北京三海举行隆重的冰戏表演，这是北方特有的冬季文化。

此中國拉氷床之圖也京都城根護城河冬天凍氷時其人以木做成床下按鉄条二根在河内放有來往人坐之其人以繩拉之行走一門三里之遥每人給錢三百文

冰床《北京民间生活彩图》

此中國賣芝蔴稭之圖也其人身挑筐架内盛芝蔴稭松木枝在沿街吆呼賣于住户年底祭神焚化也

卖芝麻秆《中国民间生活彩图》

结 语

被忽视的文化载体

任何一个民族都有自己丰富的历史文化，既有有形文化，也有无形文化，而在民族文化的百花园中，总会有一些文化现象是交融在一起的，这些交融点就是民族文化的亮点，是足以引以为荣的文化遗产。我国史前的彩陶文化、商周的青铜器、秦代的兵马俑、汉代的画像石、隋唐的壁画，以及古代留下来的文献古籍、艺术品、建筑，等等，都是我国历史文化的辉煌篇章，又是承载着许多文化内涵的载体。只要破译了这些载体，就能更深入地认识当时的社会面貌。

以民间文化来说，重要的文化载体也是较多的，如传统的节庆文化就是一个突出的例子。其中的节日起源传说、神话故事，就是口头文学的重要组成部分；每种节日都有一定的神灵和祭祀仪式，这是民间信仰的“活化石”；每个节日有特定的饮食、娱乐、仪式，所以抓住节庆这一文化载体，是认知民间文化的重要突破口。至于二十四节气，它应该是节庆文化的姊妹篇。它包罗万象，不仅与农、林、牧、副、渔等生产活动息息相关，而且还涉及农村手工业、衣食住行、文化娱乐、民间信仰诸多方面，是一部万能的“农事历”，是祖国传统气象学的集中表现。特别是关于二十四节气的谚语极其丰富，具有一定的科学性，是农事活动的指南。从冬至开始绘制的“九九消寒图”，形式多样，内容丰富，是民间绘画的重要形式之一。清明的祭祖仪式保留了许多历史文化，包括族谱、祭文和祭祖仪式，该节气已经成为中国重大的节日之一，特别是女娲祭、伏羲祭、神农祭、黄陵祭，已经被纳入中国非物质文化国家级保护名录，这些是维系中华民族历史联系的重要纽带。有关节气的起居生活、娱乐活动和养生方式也不胜枚举。因此，可以说二十四节气是我国民间文化的重要载体之一，但是却被许多人忘却了。

值得探讨的课题

在我国广大城乡，二十四节气是家喻户晓的知识，但是关于二十四节气的研究却有较大难度。一是它不仅涉及到自然科学，而且涉及到不少社会科学，个人进行全面研究有一定的难度；二是它首先产生于黄河流域，后传到全国各地，甚至流传到国外，形成了不少文化类型，人们对它的区域特征却知之甚少。正因为如此，才应该深入调查、研究二十四节气。

首先，应该摸清二十四节气的情况，如起源于何地？又怎么向外传播？到各地有什么变异？在中国可否划分几个二十四节气区域？要想回答上述问题，参照已有的古文献和调查成果是必要的，但更多地应走向民间，进行广泛的田野调查，把二十四节气的相关资料搜集起来，出版一套《二十四节气田野调查丛书》，这是占有资料的头一步，也是保护二十四节气的基础性工作。其次，在充分掌握资料的基础上，进行综合性的比较研究，主要问题包括：二十四节气的起源和演变；二十四节气的区系类型；二十四节气的科学性和局限性；二十四节气的生命力和当前遇到的挑战；二十四节气在国际上的传播和影响；等等。

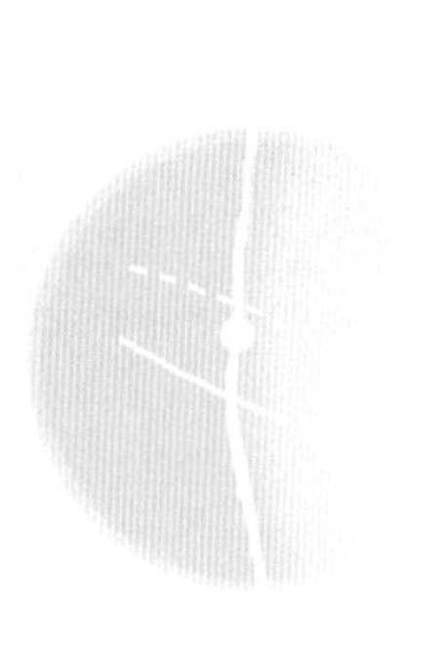

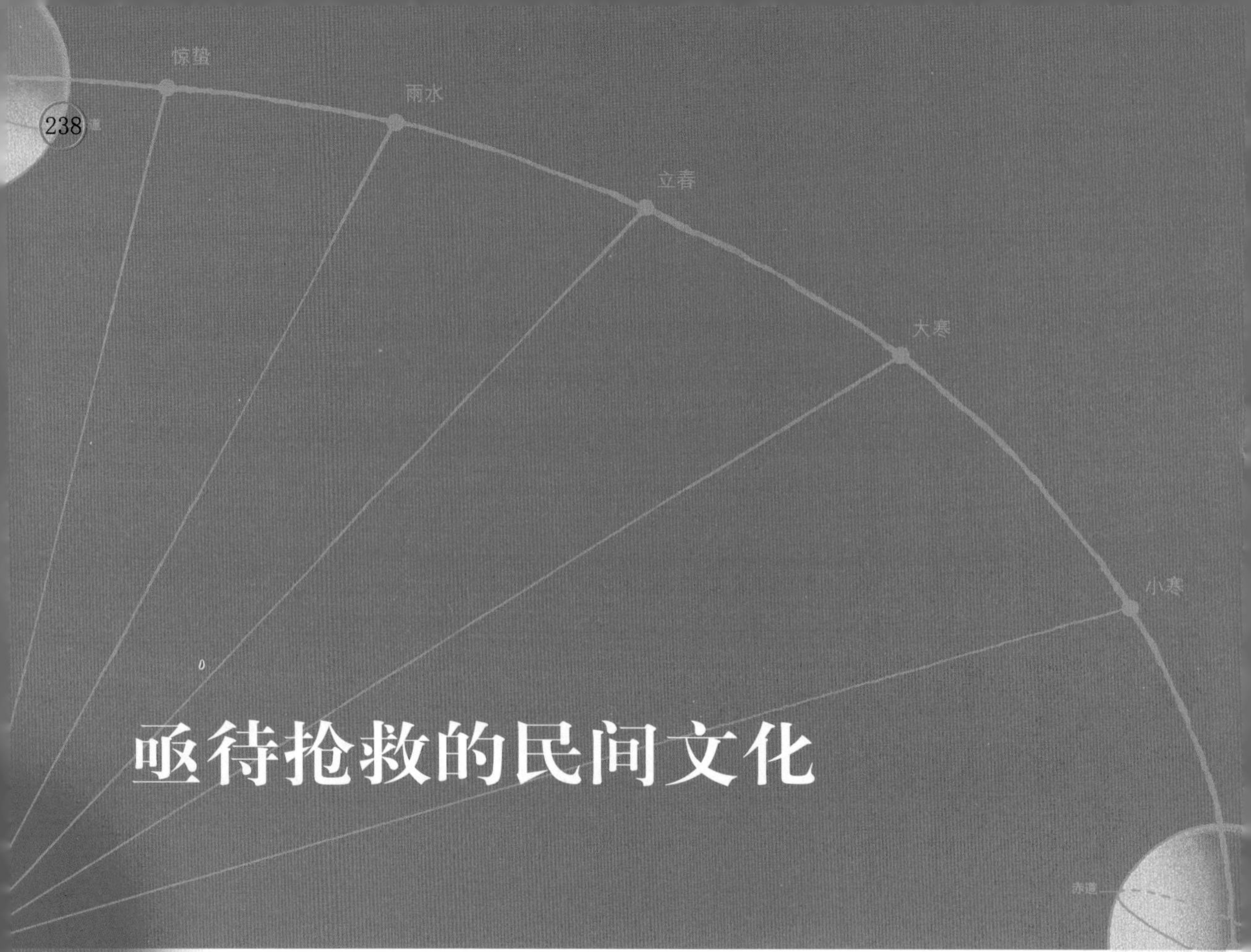

惊蛰
雨水
立春
大寒
小寒
赤道

亟待抢救的民间文化

与我国其他民间文化一样，二十四节气已经处于弱势，正受到较大的文化冲击。随着中国社会的转型，世界经济一体化的影响，商品经济的刺激，我国非物质文化正受到前所未有的冲击。二十四节气面临急剧变化是肯定的，日趋淡化的趋势是不以人的意志为转移的。事实上，我国非物质文化有三种状态：

一种是基本保留，但处于濒危状态；
一种是已经消失或基本消失；
一种是还有一定生命力，但发生了变异。

二十四节气基本属于后一种情况。一方面它在广大农村还有广泛的市场，有一定的现实意义，还会长期传承下去，其传承人就是广大农牧民；另一方面，有不少青年农民已不注意二十四节气，更不愿运用二十四节气这一武器，所以保护二十四节气十分必要。具体保护方式有三种：一是进行节气调查，出版文本式的调查报告；二是拍摄各地过二十四节气的录像，保留形象化的资料，以上都是“记忆”工程；第三，看能否搜集一套二十四节气的实物、照片，举办一个二十四节气文化展览。

以上设想仅仅是一孔之见，希望能够抛砖引玉，使大家行动起来，保护我们祖国的非物质文化遗产——二十四节气。当然，为了实现上述目的，仅仅依靠某一类专家的努力是不够的，必须动员各个学科的专家，进行综合性的调查研究。

图片目录

绪论

什么是二十四节气

二十四节气表　《二十四节气与农业生产》

二十四节气与七十二候　《二十四节气与农业生产》

二十四节气与阳历比较表　《二十四节气与农业生产》

二十四节气的起源

节气和四季　《二十四节气》

夏季日图　《经书图说》

土圭和大圭　《考古记图说》

曾侯乙墓漆箱上的二十八宿图　《文物》

二十四节气的科学性

黄道与天赤道　《二十四节气》

地球与太阳关系　《二十四节气》

地球与太阳关系　《二十四节气》

黄道与二十四节气图　《二十四节气》

二十四节气成因图　《二十四节气与农业生产》

节气与黄经关系　《二十四节气》

四季农作图　《民间年画》

观灯　《雍正帝十二月令行乐》

踏青　《雍正帝十二月令行乐》

赏桃　《雍正帝十二月令行乐》

流觞　《雍正帝十二月令行乐》

赛舟　《雍正帝十二月令行乐》

纳凉　《雍正帝十二月令行乐》

乞巧　《雍正帝十二月令行乐》

赏月　《雍正帝十二月令行乐》

赏菊　《雍正帝十二月令行乐》

画像　《雍正帝十二月令行乐》

参禅　《雍正帝十二月令行乐》

赏雪　《雍正帝十二月令行乐》

春季的节气

立春

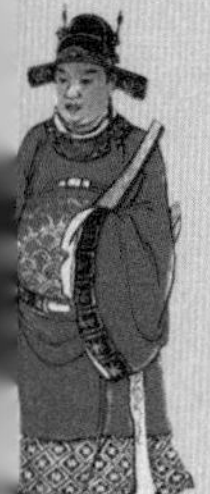

龟子报春　《点石斋画报》
芒神　《山海经》
天下太平　西安年画
彩灯　《杨柳青年画》
送春牛　《名画荟珍》
卖汤圆　张毓峰摹绘
送春牛　台江年画
太岁春牛迎春　《清俗纪闻》
卖春卷　《三百六十行》
卖水萝卜　张毓峰摹绘
鹊鸣春　《剪纸》
老鼠嫁女　《剪纸》
大过新年　《杨柳青年画》
初二迎财神　《杨柳青年画》
迎紫姑神　《吴友如画宝》
白粥迎神　《点石斋画报》
做彩灯　《羊城风物》
卖花灯　《太平欢乐图》
北斗七星　《旧皇历》
送穷　《每日古事图》
填仓　《点石斋画报》
观灯行乐　《元宵行乐图》
高跷会　《杨柳青年画》
庆祝新年　《杨柳青年画》
卖汤圆　《太平欢乐图》
元宵行乐图　《杨柳青年画》

雨水

雁北飞　《唐诗图谱》
雨神　《山海经》
北周捕鱼和耕作　《敦煌壁画线图集》
耕地　《光绪耕织图》
曲江会宴　《每日古年画》
帝妃春游　《帝妃春游》
梅花　《熏画艺术》
玉兰花　《羊城风物》
卖风筝　《太平欢乐图》
卖盆梅　《太平欢乐图》

惊蛰

西魏雷神　《敦煌壁画线图集》
弗信阴阳但听雷响　《清代俗语图说》
电母　《中国迷信研究》
春雷惊蛰　《杨柳青年画》
青蛙鸣叫　《民间剪纸》
犁耕图　汉代画像石
耕地　《民间剪纸》
土地神　《中国迷信研究》
男十忙　河北武强年画
桃杏再花　《点石斋画报》
荷叶落蛙　《熏画艺术》
桃花　《羊城风物》

春分

春耕籍田　《杨柳青年画》
初春韭芽　《太平欢乐图》
春社图　《春社猥谈》
春社图　《清史图典》
国社　《农书》
承美放生　《点石斋画报》
出城探春　《点石斋画报》
买鸟放生　张毓峰摹绘
祭神农　《清史图典》
皇帝亲耕　《杨柳青年画》

清明

清明　《千字文》
播种　《康熙耕织图》
送饭　《康熙耕织图》
燧人取火　《启蒙画报》
阳燧　《考工记图说》
寒食　《千字文》
清明佳节　《全本红楼梦》
三月尝桃　《羊城风物》
清明祭祖扫墓　《清代俗语图说》
卖祖先画像　黄慎《风俗图》
卖香　《羊城风物》
做元宝　《羊城风物》
朝山拜顶　《杨柳青年画》
十美放风筝　《杨柳青年画》
戒牛延寿　《慈悲果报录》
植树　《太平欢乐图》
养鸟　《北京风俗图谱》

谷雨

天帝布雨图　安阳汉代画像石
临水饮宴　《每日古事画》
望春亭宴会　《每日古事画》
桐生异状　《点石斋画报》
络丝　《羊城风物》
制丝　《清史图典》
大起、捉绩　《清史图典》
采桑、分箔　《清史图典》
公簇、炙箔　《清史图典》
下簇、采茧　《清史图典》
窖茧、练丝　《清史图典》
蚕蛾、祭祀　《清史图典》
纬、织　《清史图典》
络丝、经阁　《清史图典》
淬色、攀花　《清史图典》
剪帛、剪衣　《清史图典》
牡丹　《羊城风物》
十二月采茶花名歌　江苏桃花坞年画
观花　《点石斋画报》
上簇　《羊城风物》
牵经　《羊城风物》
织丝　《羊城风物》
浣丝　《羊城风物》

夏季的节气

立夏

做天难做四月天　《清代俗语图说》
渔家乐　潍坊年画
称体重　《中国表记与符号》
耘田　《天工开物》
薛宝钗持扇　《红楼梦》
耙田　《天工开物》
插扇面　《北京民间生活彩图》
彝族插秧　《彝族古代绘画》
耨田　《天工开物》
锄棉　《耕织图》
卖茯苓糕　张毓峰摹绘

小满

割麦　《耕织图》
山箔　《天工开物》
赛冬麦秀　《点石斋画报》
辘轳　《天工开物》
踏车　《天工开物》
苗神　《民间纸马》
围蝗　《捕蝗图说》
播种　《耕织图》
蝗蝻太尉　《中国剪纸神像》
青苗蒲神总圣　《中国剪纸神像》
荷花　《羊城风物》

芒种

芒种割麦　《敦煌壁画线图集》
插秧　《耕织图》
秧马　《农书》
男十忙　潍坊年画
女十忙　潍坊年画
施肥　《康熙耕织图》
采菖蒲　《太平欢乐图》
观稼殿观麦　《每日古事画》
纺线织布　《耕织图》
耧车　《农书》
闹龙舟　《杨柳青年画》
坐龙舟游大观园　《全本红楼梦》
中天辟邪　《中国农神》
赛龙舟　《杨柳青年画》
唱龙舟　《羊城风物》
赛龙舟　《羊城风物》
包粽子　《清史图典》
卖粽子　《太平欢乐图》
赛龙舟　《羊城风物》
系彩丝　《清史图典》
悬艾草　《清史图典》

夏至

卖藕　《羊城风物》

荷亭消夏　《杨柳青年画》

南勳门观稼　《每日古事画》

卖西瓜　《北京民间生活彩图》

卖馄饨　《羊城风物》

卖酸梅汁　《羊城风物》

补伞　《羊城风物》

卖扇　《太平欢乐图》

卖鹅毛扇　《太平欢乐图》

卖蓑衣斗笠　《太平欢乐图》

舍冰水　《北京民间风俗图》

村田夏景　《杨柳青年画》

卖笤帚　《太平欢乐图》

木芙蓉　《羊城风物》

小暑

扫天婆　《民间剪纸》

六月弗借扇　《清代俗语图说》

莲池化生　《敦煌壁画线图集》

佛寺晒经　《点石斋画报》

卖雨伞　《太平欢乐图》

卖凉席　《太平欢乐图》

大潮水后图　上海飞云阁

扫晴婆　《民间剪纸》

龙生日种竹　《每日古事画》

卖西瓜　《太平欢乐图》

六月亮经　《潍坊年画》

卖凉鞋　《太平欢乐图》

大暑

六月纳凉　《清史图典》

乾隆松荫下消夏图　《清史图典》

天津杨柳青四面水灾图　《杨柳青年画》

卖凉粉　《三百六十行》

斗茶图　《中国古代服饰研究》

卖凉粉　《北京民间生活彩图》

戏水　《中国古典文学版画集》

卖茶汤　《北京民间生活彩图》

木棉纺车　《农书》

木棉轩床　《农书》

织布　《羊城风物》

玩荷灯　《北京民间生活彩图》

卖冰核儿　张毓峰摹绘

采棉　《耕织图》

秋季的节气

立 秋

雁南飞 《唐诗图谱》
天河沐浴 《杨家埠年画》
七月七 《杨家埠年画》
天然巧合 《吴友如画宝》
牛郎搬家 《杨家埠年画》
天河配 《杨柳青年画》
乞巧图 《清史图典》
盂兰幽赏图 《清史图典》
乞巧图 姚文翰绘
放莲花灯 《点石斋画报》
万年的庄稼忙 《杨柳青年画》
天河配 《杨家埠年画》
秋猎 《点石斋画报》

处 暑

祭天 《蒙养图说》
喜迎秋庭图 《中国古典文学版画集》
收割 《耕织图》
打场图 《耕织图》
场神 民间纸马
卖藕 《中国表记与符号》
打稻图 《敦煌壁画线图集》
击稻图 《天工开物》
纳西族祭天 《纳西族舞谱》
采荷花 《太平欢乐图》
卖菱芡、莲藕 《太平欢乐图》

白 露

嫦娥 《古事日记》
祀兔成风 《吴友如画宝》
八月赏月 《清史图典》
玩月 《月曼清游图册》
祭月 《中国表记与符号》
愿月常圆 《吴友如画宝》
王建中秋诗画 《唐诗图谱》
敬月图 《杨柳青年画》
卖月饼 《太平欢乐图》
卖桂花 《太平欢乐图》
踏雪寻诗 《月曼清游图册》
观潮节纪胜 《点石斋画报》

秋 分

秋社 《农书》
种麦 《天工开物》
茱萸 《三才图绘》
《二十四孝图》
菊花 《羊城风物》
赏菊 《诗赋盟》

菊花　《唐诗图谱》

同庆丰年　《杨柳青年画》

女儿回娘家　《民间剪纸》

回娘家　《剪纸》

盆菊幽赏图　《清史图典》

蝉　《熏画艺术》

习射　《乾隆射箭图》

卖重阳糕　《太平欢乐图》

卖菊花　《太平欢乐图》

天后娘娘　《中国民间神像》

天后神龛　《台湾民俗大观》

天后诞辰出巡　《天后宫过会图》

天后庙　《清俗纪闻》

天后宫　《清俗纪闻》

孟姜女哭长城　《中国古典文学版画集》

家庭祭祖图　《清俗纪闻》

妈祖　《清俗纪闻》

卖笋　《太平欢乐图》

采莲　《唐诗图谱》

农忙图　《杨柳青年画》

采果子　《剪纸》

犁地　《剪纸》

解线　《羊城风物》

糖炒栗子　《三百六十行》

晒谷　《农书》

长扬久远　《武强年画》

三界神　《朱仙镇年画》

观雪赏菊　《清史图典》

舂白　《天工开物》

烧包袱　《北京民间生活彩图》

秋猎　《清史图典》

品茶　《美人图》

赏菊　《美人图》

元代脚碓　《敦煌壁画线图集》

冥钱　《民间纸马》

攀杠子　《点石斋画报》

瞎子抓鸡　《点石斋画报》

绕线　《康熙耕织图》

卖蟹　《太平欢乐图》

冬季的节气

立冬

三白告丰　《文物月刊》

梅花谱　《中国吉祥图案》

观梅　《美人图》

好大糖葫芦　《图画日报》

卖螃蟹　《三百六十行》

卖螃蟹　张毓峰摹绘

坡塘　《农书》

廪　《农书》

牛室　《农书》

冬猎　《尔雅音图》

狗戏　《羊城风物》

宋代木偶戏　中国国家博物馆提供

小雪

磨刀剪　《北京民间风俗百图》

乾隆雪景寻乐　《清史图典》

瑞雪丰年　《杨柳青年画》

咏雪　《雪景故事图册》

烹雪　《雪景故事图册》

南方榨油　《天工开物》

击壤　《杨柳青年画》

围猎　《杨柳青年画》

扎蔗取浆图　《天工开物》

大雪

积雪成佛　《杨柳青年画》

除夕瑞炭　《太平欢乐图》

投壶　《清史图典》

入仓　《农书》

耍狮子　张毓峰摹绘

张渭早梅诗图　《唐诗图谱》

梅花　《唐诗图谱》

观梅　《唐诗图谱》

煮油　《天工开物》

打滑挞　《点石斋画报》

冬至

山海关雪景　《杨柳青年画》

做针线　《民间剪纸》

孔子教授　《中国迷信研究》

梅花消寒图　《紫禁城》

书生礼拜之图　《清俗纪闻》

管城春满消寒图　《紫禁城》

消寒益气歌　《紫禁城》

葫芦消寒图　《文史知识》

圆圈消寒图　《紫禁城》

三字经九九图　《杨柳青年画》

老虎拉碾消冬图　《民间年画》

小寒

三羊开泰　《杨柳青年画》
傩近于戏　《点石斋画报》
乡人傩　《点石斋画报》
太平鼓　《北京民间生活彩图》
蒸酒　《羊城风物》
炒栗子　《三百六十行》
蒸馒头　张毓峰摹绘
烤山芋　《三百六十行》
卖白薯　《三百六十行》
春帖佣书　《十二月令》
卖箫鼓迎元旦　《太平欢乐图》
卖春联　《太平欢乐图》
卖欢乐图　《太平欢乐图》
苇棚卖书　《十二月令》
写春联　《北京风俗百图》
烤糍粑　《羊城风物》
榨香　《羊城风物》
富贵唐花　《十二月令》
磨刀　《羊城风物》
卖万年青　《太平欢乐图》

大寒

村社迎年　《文物月刊》
放鞭炮迎新年　《清史图典》
黄羊祭灶　《文物月刊》
朝岁图　《清史图典》
刘二姐逛庙　《杨柳青年画》
玉皇　《徽州年画》
关门祭灶　《中国迷信研究》
爆竹生花　《吴友如画宝》
新正逛厂甸　《杨柳青年画》
冰床　《北京民间生活彩图》
卖芝麻秆　《中国民间生活彩图》
元旦题诗图　《清史图典》
冰戏图　《清史图典》

主要参考书目

戴吾三 . 考工记图说［M］. 济南：山东画报出版社，2003.

陆仁寿 . 二十四节气［M］. 北京：财经出版社，1995.

微　言. 孝隆图典［M］. 昆明：云南美术出版社，2005.

孙　温. 全本红楼梦［M］. 北京：作家出版社，2004.

董　棨. 太平欢乐图［M］. 北京：学林出版社，2003.

佚　名. 北京民间风俗百图［M］. 北京：北京图书馆出版社，2003.

杨炳延 . 旧京醒世画报［M］. 北京：中国文联出版社，2003.

英国维多利亚阿伯特博物院，广州市文化局，等. 18–19 世纪羊城风物：英国维多利亚阿伯特博物院藏广州外销画［M］. 上海：上海古籍出版社，2003.

吴友如 . 吴友如画宝［M］. 北京：中国青年出版社，1998.

吴友如，等. 点石斋画报［M］. 上海：上海文艺出版社，1998.

朱诚如. 清史图典［M］. 北京：紫禁城出版社，2002.

孙健君 . 中国民俗艺术品鉴赏［M］. 济南：山东科技出版社，2001.

沈　泓. 朱仙镇年画之旅［M］. 北京：中国画报出版社，2006.

沈　泓. 武强木版年画之旅［M］. 北京：中国画报出版社，2006.

沈　泓. 绵竹木版年画之旅［M］. 北京：中国画报出版社，2006.

马道宗. 中日道教与养生秘诀［M］. 北京：宗教文化出版社，2002.

李德生. 老北京的三百六十行［M］. 太原：山西古籍出版社，2006.

李露露. 中国节［M］. 福州：福建人民出版社，2005.

宋兆麟，李露露. 图说中国传统节日［M］. 西安：世界图书出版公司，2006.

海　上. 中国人的岁时文化［M］. 长沙：岳麓书社，2006.

李露露. 图说中国传统行业［M］. 西安：世界图书出版公司，2006.

李露露. 图说中国传统玩具与游戏［M］. 西安：世界图书出版公司，2006.

后记

老实说，我对二十四节气虽知之，却知之不深。我自小生在农村，后来又长期到乡间调查，知道农村懂得天文历法的人并不多，但广大农民却深知二十四节气的价值，它既被视为“农事历”，又被当作安排生产、生活的月份牌。我从中得知了不少二十四节气知识，但我又没做过专门研究，所以“知之不深”。然而近两年我在参与非物质文化保护工作中，发现有的学者对二十四节气不以为然，对此我是感到非常悲哀的。于是我在2006年春节期间埋头攻读，终于完成了《图说中国传统二十四节气》一书。

我原想写一本通俗性、形象性的二十四节气文化读本。其中有关农业生产的部分是通过大量的二十四节气农谚来表述的。这是农民描述二十四节气的口头文学，其间有许多经验性知识，这些谚语是劳动人民根据长期的农事活动及生活总结出来的，凝结着劳动人民的智慧。后来编辑提出二十四节气农谚可以单独成书，这样书中有关农业生产的内容就抽空了，幸而编辑又请农学专家王平先生添写了有关农业生产的文字，几近万言。此举首先成我之美，更重要的是，这本身也是一种科研成果。这些都是我应该万分感谢的。

宋兆麟